让你大吃一惊的科学

他们曾嘲笑伽利略

伟大的发明家如何证明批评者错了

〔英〕阿尔伯特·杰克（Albert Jack）著

涂泓 译

冯承天 译校

上海科技教育出版社

图书在版编目(CIP)数据

他们曾嘲笑伽利略:伟大的发明家如何证明批评者错了/(英)阿尔伯特·杰克著;涂泓译.—上海:上海科技教育出版社,2019.1(2022.6重印)

(让你大吃一惊的科学)

书名原文:They Laughed at Galileo: How the Great Inventors Proved Their Critics Wrong

ISBN 978 - 7 - 5428 - 6709 - 4

Ⅰ.①他⋯ Ⅱ.①阿⋯ ②涂⋯ Ⅲ.①创造发明—普及读物 Ⅳ.①N19-49

中国版本图书馆 CIP 数据核字(2018)第 163364 号

阿尔伯特·杰克(Albert Jack)是一位英国作家和历史学家,他在 2004 年出版了第一本书《红色鲱鱼和白色大象》(*Red Herrings and White Elephants*)而名噪出版界。这本书探索了英语中的那些著名习语的来源,成为一本销量巨大的国际畅销书。他还撰写了一些获得成功的书籍,其中有:《毛茸茸的狗和黑色的绵羊》(*Shaggy Dogs and Black Sheep*)、《幻影搭车者》(*Phantom Hitchhikers*)、《尼斯湖水怪和下雨的青蛙》(*Loch Ness Monsters and Raining Frogs*)、《鼬鼠跳》(*Pop Goes the Weasel*)和《恺撒为我的色拉做了什么》(*What Caesar Did for My Salad*)。

感 谢 父 亲

此书献给英格兰沃金的威尔莫特(Colin Willmott)。他教会我懂得凡事皆有可能,并且永远不要认为自己一定不会作出重大贡献。我想这就是本书的全部内涵所在(也许对于我的生涯也如此)。

致　谢

我要感谢史密斯（Robert Smith）和巴克尔（Hugh Barker）帮助我出版本书，还要感谢付诸实施的以下这个团队：格林（Rod Green）、韦克福德（Dominic Wakeford）、沃森（Howard Watson）和赫巴德（Clive Hebard）。

最后，我要感谢的韦斯纳（Geodey Weisner）应该名列首位。在和他的交谈过程中，他最早不经意地提出了这个想法。假如您不喜欢本书的话，那么这是他的错。

目　录

引　言

假如这个世界会自行爆炸,那么我们能够听到的最后声音将会是一位专家在说:"这是不可能的。"

尤斯蒂诺夫①

好奇心最终会引领创新。幸好,我们是一个富于想象力的物种,凡事都想一探究竟。早在人类最初学习直立行走,并开始通过指手画脚、呼喊叫嚷来相互沟通之时,我们就能发现这种好奇心的那些最早的例子。某人有一次想到:"我知道,将那块沉重的岩石或者那头死水牛放在树干上向前滚动,这样我们就能移动它们了,因为这比将它们在地面上拖动要来得容易。"这当然就导致了轮子的发明。必定也在那时,还有别的某个聪明人想,如果他将一些肉放在炽热冒火的东西上,那么尝起来味道会更好。这看起来似乎是很寻常的事,但在当

① 尤斯蒂诺夫(Peter Ustinov),英国电影演员、小说家,以出演《尼罗河上的惨案》和《阳光下的罪恶》中的大侦探波洛(Hercule Poirot)的角色最为中国观众熟悉。他因出演《斯巴达克斯》和《托普卡匹》两次荣获奥斯卡最佳男配角奖,1990 年被英国女王伊丽莎白二世授予爵士称号。——译注

时确实是创新。某个地方的某些人拿定了主意要冒着将他们的食物烧成灰的风险，因为他们知道木材燃烧的后果，而他们这么做只是为了看看食物的味道是否有任何改善。不过我敢说，另外会有某些人在嘲笑他们，并且说道"别那么做，这真是个馊主意"（或者不管他们当时曾说三道四了什么）。而这也是创新，是发现和创造。

自那时起，我们一直都在以这种或那种形式这样做着，并且幸亏有这样一些人，他们甘愿承担风险、并无视那些更睿智的人提出的建议，我们作为一个物种才得以在漫长的进化道路上一路走来。一言以蔽之，这正是本书的全部内涵所在。要知道，在过去 6000 多年的所有创新和发明中，唯一不曾发生任何变化的东西是人类的大脑，这一点真是难以置信。

信不信由你，只要更好地制定提供给史前时期人类大脑的信息，那么当时的人类大脑完全有能力理解如何使用 Windows 8.1，并且能够轻而易举地让一枚火箭在月球上着陆。大脑本身已然很精巧，它所需要的只是编程，而自古以来就是如此。人类为其大脑编程来学习做事情的新的和更好的方法，而好奇心则引导他们从指手画脚和呼喊叫嚷、使用火和树干进化到现在的我们。"我想知道越过那边那座山头会有什么？那里也许会有水，可能有比较好的植被。也许有更多我们喜欢吃的兔子之类的东西吧？让我们去看一看吧。"这就会把他们从洞穴带入人造的棚屋，如此等等。自始至终，在这个过程中的每一步，也总是会有人对他们说："不，不。那是一个馊主意。它绝不会成功的。"或者有一位母亲叫嚷着："不要爬到那个东西的背上，乔尼，这不安全。你会弄伤自己的。"紧接下去就是重重的砰的一声，然后是"我早就提醒过你了"。不过，正如我们大家都所知的，乔尼必定已经重新骑上了那匹马。

比较近的是在 1916 年，有人这样评价无线电："这个无线音乐盒不具有任何可以想象得到的商业价值。谁会为一条并非专门发给他的消息付钱呢？"好吧，这个问题在当时看来提得不错，不过试想一个没有无线电的世界吧。而当电视机作为一件新奇玩意儿出现而遭到摒弃时，也有同样的评论。"美国家庭不会闲坐下来盯着一个胶合板盒子一看就是几个小时。"你能错得多离谱？吉列认为男人用一把剃须刀片一两次后就会扔掉，去买一把新的。他的朋友们当时都在使用那种代代相传的割喉式直柄剃须刀，他们说他是疯了。当迪沃尔发明出机械臂时，也没有得到认真对待，整个工业界完全无法明白如何用它去代替拿着扳手站立在工作台旁的一个男工或女工。好吧，实际上是代替数以百万计的男工和女工。

电话曾经被当作一个毫无意义的玩具而遭到摒弃，英国邮政局的总工程师竟然这样说："我们拥有尽善尽美的信差，谢谢你。"美国国际商用机器公司的董事长认为世界市场上最多只需要 5 台计算机。对于该公司的（也是我们的）幸运之处在于，他的儿子，也就是他的继承人有着不同的想法。而改变了所有人生活的喷气式发动机几乎令惠特尔丢掉性命，然而他仍坚持不懈。甲壳虫乐队曾被告知，吉他乐队行将过时；猫王埃尔维斯则被打发走，要他回去开卡车。

有人曾建议消防员留起络腮胡子,确保它们是湿的,然后在冲进烟雾弥漫的楼房之前将这些胡子塞进他们的嘴里。直到 1916 年,才有人最终赞同摩根的安全兜帽毕竟还是一个好主意。为此,他花了 4 年时间说服当局。

而这些就是本书所要阐述的。书中讲述的故事是关于无数善于创造的、充满好奇的有才智者,以及某人在某处如何想到:"现在,必定有着一种更优于此的做事方法。"随后他们就着手去干了,在有些情况下要耗费数年才能找出如何去做的方法。其中也有一些偶然事件。一块融化的巧克力条成为发明微波炉的起因,一场实验室事故导致了安全玻璃的发明,罗琳和纳博科夫都曾被告知没人会去看他们的书,还有人建议梦露要提高她的打字技能。

有些人为他们的发明牺牲了自己的生命。事实上,在降落伞这个例子中丧生的人数以千计。玛丽·居里的著名事迹是耗费了一生精力试验治疗癌症的方法,而她却因此死于癌症。万户在人类首次尝试飞往星辰时被烧成了灰烬。发明了现代报纸印刷机的人被卷入了一台印刷机。这张个人牺牲的名单很长,其结果使我们得以按照我们目前的时髦方式来生活,并且这种情况由来已久。只有依靠这种方式,人们才会发现:哪些浆果是有毒的,哪些又是可以安全食用的;什么东西生吃的话要你的命,而煮熟了以后吃却能让你生机勃勃;当然,还有奶牛如何能产出可以安全饮用的牛奶。而关于这一点,当他们弄清楚如何去做时,他们是否确实想过:他们对奶牛正在做些什么?

对于一些令人感兴趣的问题,可能并无答案可寻,但是对于数之不尽的其他问题,我们确切地知道是谁发现了什么,以及是如何发现的。因此安安稳稳地坐下来,与我共同展开一段旅程,穿越发明和创新的历史,亲自去发现那些人当时脑海中闪过的想法,以及当他们得到一个好的想法时,有谁看出了其中的妙处?我们还想知道的是,谁告诉他们说这种想法永远不会奏效?毕竟,当伽利略首先提出地球并非万物的中心时,曾被嗤之以鼻。

阿尔伯特·杰克(Albert Jack)

于曼谷

科学与技术

无线电

　　那是在 1894 年夏季,当时有一位名叫马可尼①的默默无闻的 20 岁意大利人将他的父母叫进一间房间,向他们展示了他如何仅仅按下一个按钮,就能够使远处墙上的一个铃响起来。他是利用电磁辐射做到这一点的,而电磁辐射是由德国物理学家赫兹②于 1888 年首先发现的。马可尼的父亲是一位富有的地主,他一经查明其中无诈(没有任何电线连接),便倾囊而出,让儿子去购买所需要的器材,以便开展一些更为宏大的实验。

　　不出一年,马可尼就能够在超过 1.5 英里③的距离上发送和接收电子信

---

①　马可尼(Guglielmo Marconi),意大利工程师,实用无线电报通信的创始人、高频无线电波的发生和应用的创始人,1909 年获得诺贝尔物理学奖。——译注

②　赫兹(Heinrich Hertz),德国物理学家,1887 年首先用实验证实了电磁波的存在。由于他对电磁学的巨大贡献,因此频率的国际单位制单位以他的名字命名。——译注

③　1 英里≈1.61 千米。——译注

号了,不受山丘和建筑的阻碍。马可尼对自己发明的价值深信不疑,尤其确信其对军事和电报公司有价值。当时,那些电报公司正忙于在世界各地拉设电线,因此他写信给 1889 年当上邮电部长的意大利政治家拉卡瓦(Pietro Lacava),概略地描述了他的"无线电报",并请求资助。马可尼从未收到任何回复,不过这份文档在很久以后确实出现在这个政府部门,在其上方潦草地写着一排字"发送至伦格拉",这指的是位于罗马伦格拉街的那家臭名昭著的精神病院。

与此同时,这位年轻的意大利人继续进行着他的那些实验,结果在更长距离上不断有所改善。因此他决定在 1896 年去往英国,在那里他向英国邮政总局的电气总工程师普里斯(William Preece)提出了自己的各种想法,而后者本人自 1892 年以来就一直在进行无线传输的实验。普里斯立即意识到马可尼这项新技术的价值,并在一次名为"不用电线而在空间传输信号"的演讲中将其介绍给英国皇家学会。这场演讲是 1897 年 6 月 4 日在伦敦进行的,而正是在那一年,深受爱戴的英国皇家学会会长开尔文勋爵①虔诚地宣称:"无线电技术没有未来。"

不过,到了 1899 年初,马可尼已经在康沃尔②和法国之间传输无线信息了,而在这一年的 11 月,他受邀前往美国演示他的设备。在返航途中,马可尼和他的助手在圣保罗号邮轮上安装起一架发射机,因而这艘客轮就在距离英国海岸大约 66 英里处史无前例地报告了其预计抵达的时间。他在美国马萨诸塞州的南韦尔弗利特建起一座基站之后,又在 1903 年 1 月 18 日进行了一次著名的对接:连通了当时的美国总统罗斯福③和英国国王爱德华七世④。这是美国和英

---

① 开尔文勋爵(Lord Kelvin)即威廉·汤姆孙(William Thomson),英国数学物理学家、工程师,热力学温标(绝对温标)的发明人,被称为热力学之父。他因为在横跨大西洋的电报工程中所作出的贡献而得到维多利亚女王授予的爵位。——译注
② 康沃尔是英格兰西南端一郡。——译注
③ 罗斯福(Theodore Roosevelt),美国军事家、政治家,第 26 任总统,1901—1909 年在任。——译注
④ 爱德华七世(Edward Ⅶ),英国国王,印度皇帝,1901—1910 年在位。——译注

国之间第一次跨越大西洋的无线通信，当时所采用的是莫尔斯电码①。

短短 10 年后，马可尼的公司已经在大西洋两岸建立起了数架功率强大的发射机，并肩负起船舰和陆地之间的几乎全部通讯，甚至还为船长们建立起了一种夜间新闻服务，以供转播给他们的乘客们。正是由于马可尼的一封无线电报提醒了英国警方，臭名昭著的谋杀犯克里平医生②可能登上了加拿大的太平洋客轮"蒙特罗斯号"邮轮，正在前往魁北克的途中，这才使侦探们得以登上一艘更快的船，从而在 1910 年 7 月 31 日他到达之时将其捕获。这是有史以来第一次利用无线通信抓获一名杀手。马可尼的无线电报站还在 1912 年 4 月接收到泰坦尼克号③沉没的新闻，从而得以将消息转发给当时在那片海域的其他船只，在此过程中挽救了无数生命。

火箭永远都不能够离开地球的大气层。

《纽约时报》④,1936 年

尽管现在很难想象，不过很有可能如果没有马可尼的技术，所有这些生命都会失去，而泰坦尼克号的沉没也可能至今仍然是一个谜，因为永远都不会有人知道它为何没能抵达纽约。同样，如果这种设备的开发能更快一点，那么玛

---

① 莫尔斯电码是一种时通时断的信号代码，通过不同的排列顺序来表达不同的英文字母、数字和标点符号，由美国发明家莫尔斯(Samuel Morse)在 1837 年发明。——译注
② 克里平医生(Dr. Crippen)，原名霍利·哈维·克里平(Hawley Harvey Crippen)，美国顺势疗法、眼科和耳科专家，因谋杀其妻子而被绞死。——译注
③ 泰坦尼克号是一艘豪华游轮，1912 年首次航行途中即撞上冰山沉没，船上 1500 多人丧生。泰坦尼克号是当时世界上最大的客运轮船，首航从英国南安普顿出发，计划目的地为美国纽约。——译注
④ 《纽约时报》(New York Times)是一份在美国纽约出版的日报，创刊时间为 1851 年，在全世界发行，有相当的影响力，并设有中文网站。——译注

丽·西莱斯特号①的命运就不会是一个谜了。令人啼笑皆非的是,泰坦尼克号处女航也曾为这位发明者本人提供免费舱位,不过他选择了提前 3 天乘坐另一艘船出行。再回来说马可尼的基站,有一位名叫萨尔诺夫②的雇员当时在那里协调援救工作,并列出所有已知幸存者的姓名清单。显然,他不眠不休地连续 72 小时独自操纵基站,或者至少他自己这样声称,不过这并不是萨尔诺夫在无线电历史上占有一席地位的缘故。萨尔诺夫另有一个更精彩的故事。

　　因为正是萨尔诺夫,马可尼的这位雄心勃勃的雇员,意识到无线电的应用潜力远不止于简单的点对点通讯。电话自从 1892 年就已开始提供这项服务,虽然电线的使用限制了其所及范围。而另一方面,萨尔诺夫则认识到,如果有

① 玛丽·西莱斯特号是一艘前桅横帆双桅船,有人于 1872 年发现它在大西洋上全速朝向直布罗陀海峡航行,不过船上却并没有发现任何人。——译注

② 萨尔诺夫(David Sarnoff),美国商业无线电和电视的先驱和企业家,被誉为美国广播通讯业之父。他是俄国(白俄罗斯)犹太移民,早年随父母移居美国,15 岁即进入马可尼公司工作。——译注

多位接收者使用相同的无线电波频率，那么同一条消息就可以被他们同时收听到。他的推理是，如果他能有一位收听者，那么广播公司花费同样的代价，为什么不能有 100、100 万，或者甚至 1000 万位收听者呢？但是他必须小心行事，因为在 1913 年，为联邦电报公司工作的一位名叫德福雷斯特①的发明家遭到起诉，起诉方是代表股票持有者们的美国联邦检察官，他们觉得受到了他本人开发无线电的那些计划的欺骗。当时记录在案的检方声明是："德福雷斯特许多年前就在许多报纸上说过，也签署过声明，说有可能跨越大西洋传输人声。基于这些荒谬的、刻意误导的陈述，误入歧途的公众被说服去购买他公司的股票。"

德福雷斯特后来被宣判无罪，不过在此过程中已几近破产。萨尔诺夫从中吸取了教训，因此他没有进行任何公开的宣讲，而是默默地进行着实验，直至他突然萌生出用一台留声机来广播音乐这个想法。这是无线电波技术首次被视为一种娱乐媒体，而不仅仅是传播信息的媒介。他的同事们对此无甚好感，其中有一位作了如下的著名评论："这个无线音乐盒不具有任何可以想象得到的商业价值。谁会为一条并非专门发给他的信息付钱呢？"萨尔诺夫并未因此而受阻，他在 1916 年写给马可尼公司的副总裁及总经理纳利（Edward J. Nally）的一份简报中概要地列出了他的这些想法，而后者尽管认识到其中的潜能，但由于当时正值第一次世界大战，公司已经耗尽资源，因此还是暂缓考虑。

1919 年，美国通用电气公司②并购了马可尼公司，于是萨尔诺夫在当年又再次提交了他的备忘录，这一次是交给创建了美国无线电公司③（该公司主要

---

① 德福雷斯特（Lee de Forest），美国科学家和发明家，真空三极管的发明者，此外还有超过 300 项专利。——译注
② 美国通用电气公司成立于 1879 年，创办人为爱迪生，经营产业包括电子工业、能源、运输工业、航空航天、医疗与金融服务，业务遍及 100 多个国家。——译注
③ 美国无线电公司 1919 年作为美国通用电气公司的子公司成立。

经营军事通讯方面的生意)的新任董事长扬①。萨尔诺夫再次遭到了冷遇,不过由于业余无线电爱好者日渐增多,他们在全美各地使用着自己制作的接收器,因此萨尔诺夫在 1921 年 7 月 2 日为传奇拳手登普西②和法国战斗英雄卡尔庞捷③之间展开的一场重量级拳击赛安排了实况报道,由此终于显示了他的想法所具有的潜力。海报称这场比赛为世纪之战,并首次获得了百万美元的票房销售,因为有将近 10 万人到场观战。与此同时,全国各地有令人瞠目结舌的 30 万人用噼啪作响的自制接收器收听了萨尔诺夫的无线电实况报道。到那一年年末,对家庭无线电设备的需求已剧增到如此程度,以至于每个州都有传输基站冒出来。无线电工业诞生了,尽管德高望重的美国发明家爱迪生④在 1922 年曾预言道:"这股无线电狂热随着时间的推移很快就会退去。"这是爱迪生先生吃不到葡萄说葡萄酸? 现今,有 85% 的美国人仍然在每天的某一时段收听无线电广播,而在所有欧洲人中,这个比例超过 90%。

那么,在马可尼 20 岁时暗示他是个精神病人的那位意大利政治家拉卡瓦后来究竟怎样了呢? 好吧,他继续在下几届的意大利政府中担任了几任工业和贸易部长及财政部长。无怪乎意大利人在文艺复兴以后就再也没有获得过任何有意义的成就了。我原认为这是由于他们都太过忙于性事,忙于观看别人踢足球,现在看来似乎是由于他们有拉卡瓦之流当政。拉卡瓦于 1912 年节礼日⑤平静地死去,即"精神错乱的"马可尼因其工作被授予诺贝尔奖的 3 年之后。

---

① 扬(Owen D. Young),美国实业家、商人、律师。——译注
② 登普西(Jack Dempsey),美国职业拳击手,1919—1926 年蝉联世界重量级冠军。——译注
③ 卡尔庞捷(Georges Carpentier),法国拳击手、演员,曾作为飞行员参加第一次世界大战并获得两项法国军方最高荣誉。——译注
④ 爱迪生(Thomas Edison),美国发明家、商人,一生获得的专利超过 1500 项,其中留声机、电影摄影机、钨丝灯泡和直流电力系统等对世界产生了重大影响。——译注
⑤ 节礼日是英国与大多英联邦国家在 12 月 26 日(圣诞节翌日)庆祝的公众假期。——译注

你能错得多离谱?

温弗瑞①已成为全世界电视业中最成功、最有影响力的女性之一。不过这位著名谈话节目主持人的经历极为不易。她走向功成名就的道路之前,有着艰辛的、有时还遭受虐待的童年,还经受了许多职业上的挫折,其中包括有一次做电视记者时被解雇,原因是认为她"不适合电视业"。

---

① 温弗瑞(Oprah Winfrey),美国电视谈话节目主持人、制片人、投资家、慈善家,美国最具影响力的非洲裔名人之一,9 次入选《时代》(*Time*)杂志的年度世界百大人物。——译注

望远镜

——以及他们为何嘲笑伽利略

　　根据公共档案记载,是一位名叫利帕希(Hans Lippershey)的德裔荷兰眼镜制造师偶然发明了望远镜。他似乎是注意到两个孩子在他的工作间里玩弄一些透镜,并且在谈论他们将两片不同放大率的透镜分开一段较近的距离,然后通过它们去看远处的一个风向标时,就可以使它看起来显得比较近,然后他确实在1608年为这种奇妙的装置申请了专利。也有其他意见认为,他只是从一位与他有着竞争关系的眼镜制造师那里窃取了这种设计。不管怎样说,他总是这种装置的第一位专利权获得者,这项专利是在1608年10月2日向荷兰国会提出的。当月下旬,在派往暹罗王国①的大使所发布的一份外交报告末尾处,稍

---

① 暹罗王国是泰国的旧称。——译注

稍提及了利帕希的专利。由于这份报告分发至欧洲各地，因此当时的一些主要科学家和数学家们也开始进行他们自己的实验。其中包括哈里奥特（Thomas Harriot，参见"土豆"一节）、一位被称为萨尔皮修士（Brother Paolo Sarpi）的威尼斯人和来自帕多瓦大学①的一位相对来说尚名不见经传的几何学教师，他的名字叫伽利略（Galileo Galilei），那份报告到达时他恰好在威尼斯访问。

伽利略首次引起科学界的关注是在1586年。当时他出版了一本书，内容有关他的一种流体静力学天平（称重器械）的设计，而在此以前他还制作了世界上第一台精确的测温器（温度计）。1609年，从著名的比萨镇来的这个人首先认识到望远镜的巨大潜力，但他同时也意识到，如果他想要用这项他认为具有军事价值的新发明取得任何真正的成功，光靠眼镜片是无法达到足够的放大率的。于是伽利略开始自学磨制镜片的精密工艺，并且很快就设法将这种现在被称为望远镜（来自古希腊单词 teleskopos，意思是"远望"）的仪器的放大率提高到裸眼的10倍。1609年8月，他从帕多瓦的家又来到威尼斯，邀请参议院的达官显贵们登上圣马可大教堂②的钟楼顶层。在那里，他演示了他的新发明如何能够看见远在海面上的船只，而用裸眼的话要到整整两个小时以后才能辨认出它们。

威尼斯执政官（公爵）多纳托（Leonardo Donato）立即认识到这种装置的价值：它能够对一支正在前进中的敌方海军比以前提早数小时发出预警，于是他授权将望远镜用于他自己的海军。随后他又授予伽利略一份讲师的终身工作，并付给他双倍的薪水。很容易想象，对于一位45岁的地方讲师而言，这会是怎样一件令人心满意足的事。不过伽利略和他的望远镜才刚刚开始一场旅程，这场旅程将永远改变人类文明、制造统一与分裂，并最终摧毁了他自己。1610年

---

① 帕多瓦大学位于意大利北部的帕多瓦，成立于1222年，是世界上最早的大学之一。——译注
② 圣马可大教堂全称为圣马尔谷圣殿宗主教座堂，是位于意大利威尼斯的一座天主教主教座堂，也是拜占庭式建筑的著名代表。——译注

1月7日,伽利略将他的望远镜由地平线转向天空,而他能够看到的东西,将永远改变这个世界。

人类以前对于宇宙的理解仅来自裸眼所能看到的事物,而那就局限于月亮和星星。相对于各星座运转的固定轨道来说,这些星星中最亮的那些看起来似乎是在向着不同的方向移动,当时还没有任何人能解释其中的缘由。当时人们相信的观点是,地球稳坐宇宙中心,而太阳、月亮和其他恒星全都绕着它旋转(主要是由于《圣经》(Bible)如是说)。人们还相信,一切天体都是完美无瑕的,因为上帝意欲它们如此。然而,当伽利略通过他的望远镜去研究月亮时,却能看到环形山、山脉和山谷。这就揭示了月亮并非完美无缺,于是也就意味着地球这颗行星并非像一代又一代的教士们所坚持的那样独一无二。

随后他又将注意力转移到这些会在天空中徘徊的明亮星星中的一颗,这颗星被人们称为木星。裸眼看来,木星就像其他所有星星一样,不过伽利略

立即推断出，它必定是另一颗与他自己所站立着的地球类似的行星。那是另一个世界。他还注意到有 4 颗较小的星体位于木星附近，且每晚在改变它们的位置，这使他意识到必定是几颗卫星在它们各自的轨道上绕着那颗行星运转。这显然意味着，它们并不像月亮那样，直接绕着地球这颗行星转动。于是伽利略认为自己手里掌握了某一爆炸性的事件。那里是否存在着另一个世界？他关于此项发现所撰写的那本书题为《星空信使》(The Starry Messenger)，仅仅在 6 个星期后就火速印刷出版，此书使他一夜成名。不过，许多科学家认为这是一个根本性曲解而不予理会，因而对此嗤之以鼻。可是，有一些科学家则认为这是在确认一个世纪前哥白尼(Nicolaus Copernicus)提出的理论，即太阳位于宇宙的中心，而其他万物都在绕着它旋转。他们之中的许多人都三缄其口，因为他们知道这种理论不会被他们自己这颗行星上当时最有权势的那群人，即罗马天主教会接受。

不过，伽利略的发现还没有完，接下去他又将注意力转移到这些徘徊的星星中的另一颗，人们将它称为金星。通过他的望远镜，他得以记录下这颗行星在几个月期间不断改变着形状和大小。他一周接一周地观察着金星从大的月牙形转变成一个小的扁平圆盘。然后，随着阴影重新渐渐移回到这颗行星的表面，它又再次恢复成一个大的月牙形。伽利略立即认识到这一现象的重要性，这只能意味着金星是沿着围绕太阳而不是围绕地球的轨道运行。对于伽利略而言，这终究意味着地球必定不在宇宙中心，太阳才是中心。而这一启示产生了深远而重大的后果，它导致了这位天文学家与罗马天主教会的一种核心信仰及教义的正面冲突。好多个世纪以来，罗马天主教会一直在宣扬上帝将人类置于宇宙的中心，而伽利略的望远镜首次对这一说法提出了严峻的挑战。这成了科学与宗教之间一场冲突的开端，而这场冲突持续至今，因为《圣经》中明确提出："太阳升起，太阳落下，然后回到它的升起之处"以及"上帝将地立在根基上，使地永不动摇"。用简单的话来说，这就意味着如果伽利略通过望远镜观察到的那些现象是正确的,那么基督教所有教义的根基都可能遭到破坏。而情况正是如此。

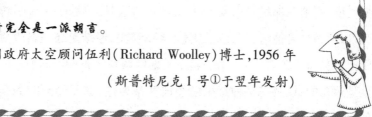

太空旅行完全是一派胡言。

英国政府太空顾问伍利(Richard Woolley)博士,1956年

(斯普特尼克1号①于翌年发射)

于是,请设想一下对于作为一名虔诚天主教徒的伽利略而言,这一局面有多么尴尬,他并不想与教会的那些既定信仰发生抵触。他也并没有兴趣像那些质疑梵蒂冈主张的其他异教徒那样被车裂、下油锅或者火刑伺候。相反,他努力尝试找到某个中间地带。因此在为太阳位于宇宙中心的这种观念进行辩护的时候,他提出不应该按照字面意思来解释《圣经》中的每个段落。他的提议是,也许这些段落写的是"地球的一个不同种类的运动,而不是它的旋转"。对于当时异教徒在那些身披长袍的人手里会受到怎样的待遇,他心知肚明,因此他前往罗马,试图说服梵蒂冈的那些官员们不要禁止他的这些理念,而是欣然接受它们。伽利略的生命此时已深陷真正的危险之中,罗马颁布了一条法令,命令他放弃他的这些理论,对此他立即许诺照办。在接下去的10年中,伽利略一直在避免发生争论,但是1623年红衣主教巴尔贝里尼(Cardinal Barberini)当选教皇乌尔班八世(Pope Urban Ⅷ),这又激励他重提他基于望远镜所得到的那些意外发现。巴尔贝里尼原先是伽利略的朋友和支持者。

---

① 斯普特尼克在俄语中意为"卫星",斯普特尼克1号是苏联于1957年10月4日发射升空的第一颗进入地球轨道的人造卫星,也标志着美苏两国之间太空竞赛的开始。——译注

然而，1632 年他出版了《关于两大体系的对话》(*Dialogue Concerning the Two Chief Systems*)①一书，原意是要对两种截然对立的观点进行一次不偏不倚的阐述，其内容由坦诚友好的辩论构成。但此书却导致了他被罗马宗教法庭传唤受审，而他在那里立即受到了控告。到这时，伽利略必定后悔自己制造了望远镜，因为尽管他再三否认抵制《圣经》经文，但结果还是被宣判犯有异端邪说罪："即持有下列观点：太阳静止不动地停留在宇宙中心；地球不在宇宙中心，而且是运动的；以及在某种意见已经被宣布为违背《圣经》以后，仍然可能认为这种观点有充分根据并予以捍卫。"在可能遭受更糟糕惩罚的威胁下，他被改判终生软禁，并且他的著作也被禁止发行。此外还命令他在接下去的 3 年中每周朗读一遍七首忏悔诗②。

伽利略于 1642 年 1 月去世——绝无仅有的几个质疑罗马天主教会《圣经》后还能如此平静死去的人之一。他的望远镜原本是作为一件有效的军事工具而发明的，如今仍然是确确实实改变了人类历史进程的极少数发明之一，并且为天主教会不足信提供了最初的、关键的几条证据之一 ③。

---

① 《关于两大体系的对话》(*Dialogue Concerning the Two Chief Systems*)原题为《关于托勒密和哥白尼两大世界体系的对话》(*Dialogo sopra i due massimi systemi del mondo*，*tolemaico e copernicano*)。——译注

② 七首忏悔诗(seven penitential psalms) 是指《圣经·诗篇》中的第 6、32、38、51、102、130 和 143 首。——译注

③ 1993 年 5 月 8 日，教皇保罗二世(Pope John Paul Ⅱ)在梵蒂冈承认伽利略是正确的，并向全球科学家道歉，其时李政道先生代表全球科学家发言。——译注

空调:制冷之王

没有人确知人类起源的准确日期。许多历史学家估计,控制火种的最初痕迹可以上溯到 100 万年前,而其他人则指出,烹煮食物的迹象早在 190 万年前就出现了。我们都可以臆断的一件事是,如果没有火的话,人类就不可能进化,因此这两者之间是铁定联系在一起的。

正是使用了火,人类才得以在这一物种出现之初的严寒气候中存活下来直至今日。不过无可否认的是,这在当今已不是唯一之选。2000 年前,当时已经掌握了地下供暖技艺的罗马人,尝试着使用来自渡槽中的冷水在他们房屋周围循环以便为房间制冷。几个世纪之后,中国人发明了旋转式风扇,在接下去的 1700 年中,这一直是人们保持凉爽的最有效方式。

人们进行了许多努力,想使美国大城市中的生活状况在漫长夏日里更舒适一些。1758 年,富兰克林①和剑桥大学教授哈德利(John Hadley)将酒精和其他一些易挥发的液体蒸发来进行实验,因为人们发现这些液体能够将一个物体冷却到足以使水结冰的程度。然而直到 19 世纪末,完全控制一座建筑物内部环境的想法,仍像阻停一场雨或者制止太阳发光一样荒谬可笑。

不过,到了 1901 年,年轻的电气工程专业学生开利②从康奈尔大学毕业,并在纽约州布法罗市的布法罗锻造公司获得了一个职位,这家公司专业制造电扇。他接到的第一项任务是与布鲁克林的萨基特和威廉斯平版印刷公司合作,

① 富兰克林(Benjamin Franklin),美国政治家、科学家、出版商、印刷商、记者、作家、慈善家、外交家及发明家。他是美国独立战争时期的重要领导人之一,进行多项关于电的实验,并且发明了避雷针。后文"我们每天仍然都在用的那些古老发明"一节中还会提到他发明的近远视两用眼镜。——译注

② 开利(Willis Haviland Carrier),美国工程师及发明家,现代空调系统的发明者。——译注

后者承担出版当时美国最流行的全彩杂志《法官》①。

但是,就在1902年7月的炎热天气里,萨基特和威廉斯公司碰到了一个大麻烦。由于他们楼房内部的湿度太高,因此用于印刷封面的新彩色墨水不能附着在页面上,而是直接流了下来。开利所承担的任务是要找到一种方法,将印刷间里的温度精确降低到53华氏度②,并且尽快降低湿度,否则印刷厂将要面临的现实是无法将当月的那期杂志发送给他们的数百万订阅者。

开利夜以继日地研究这个问题,几个星期后的一天清晨,当他取得改变他一生的那个重大突破时,他正站在一个雾霭弥漫的火车站站台上。这位工程师知道,雾只不过是水分饱和的空气,并且他认识到,如果他能在一房间里创造出100%的湿度,那么此时就能够引入足够干燥的空气,从而精准地将湿度降低,他就能够再造出他所需要的任何程度的湿度。

那一天是7月17日。如果要使8月那一期成功赶上最后期限的话,那么开利就面临着一场与时间的赛跑,因此他立即开始研究他的理论。他已经明白如何用蒸汽来加热物体,那就是让空气通过一些炽热的螺旋形管道,而他的简单计划是要将这个过程反过来,使空气通过用水冷却过的螺旋形管道。他发现利用他的那些风扇,就能够控制温度、湿度、空气循环和流通。他立即在印刷间里获得了低温低湿,这有助于纸张保持稳定,从而墨水就能够精确对准了。美国公众下个月就不会读不到他们最爱的杂志了。

到1907年,开利已经改进了他的设计,引入了后来空调工程师们称之为恒定露点差的定律③。他在5月17日申请了一项专利,而这项专利最终在1914年2月3日发布。不过,欧洲正在发生的战争导致各制造公司都专注于别的领

---

① 《法官》(*Judge*)是一份政治讽刺杂志,1881—1947年在美国发行。——译注
② 即11.7摄氏度。——译注
③ 露点是指在固定气压下,空气中所含的气态水达到饱和而凝结成液态水所需要降至的温度。恒定露点差定律描述的是露点与温度、湿度的关系。——译注

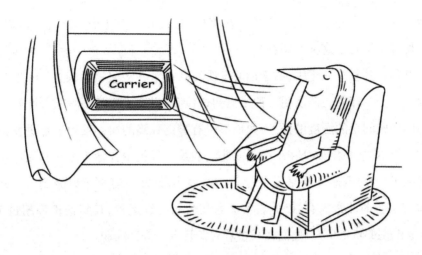

域,因此开利决定离开布法罗锻造公司,并与其他 6 位年轻工程师一起建立了纽约开利工程公司。不过直到 1925 年,在他们为百老汇的里沃利剧院设计了一套空调系统之后,普通大众才首次进入了受控室内环境。至此对他们的空调机组的需求才开始保持稳定。这套系统取得了如此巨大的成功,以至于里沃利剧院里日日夜夜每时每刻都挤得水泄不通,因为纽约人都想来此逃避如蒸笼般的城市夏日,而不管在放映什么电影。

可叹的是,1929 年的股市崩盘和随之而来的经济大萧条减慢了公司的发展,然而到 1937 年,它仍然是纽约州中部最大的用人单位。不过,开利的发明开始彻底改变美国,是在 20 世纪 40 年代末和 50 年代战后的经济繁荣时期。电影院、餐厅、工厂、学校、医院、公共建筑、购物商场及中西部、西海岸和南方腹地的任何一个发展中城市都在安装开利的空调机组,他们生产得有多快,安装得就有多快。

于是东海岸有数百万人准备搬去以前不适于居住的美国西部和南部,这多亏有了这些新的空调环境,以及随之迁移的经济和政治力量。东海岸的那些社区曾一度主宰着美国的生活方式,而这时像达拉斯、凤凰城、亚特兰大、迈阿密和洛杉矶这样的城市已成长为这个国家最强大的城市中心。只有纽约、芝加哥和费城这几个东海岸的老一代城市在美国10大城市中还仍然留有一席之地。这一切都由于有了这种空调系统。

开利在其整个一生中,由于他的发明而获得了许多奖项和荣誉——这是一项改变人类生存方式的发明。如果当初这位25岁的工程师不曾被分配到去降低一间印刷间里的湿度的任务,如果不曾有雾霭弥漫的纽约站台上那迸发灵感的一刹那,你能想象如今在东南亚或非洲的某些气候中存活下来吗?而这一切又证明了,当时普遍认为是不可能的一些事,最终却是轻易可以做到的。开利1950年去世时非常富有,以他名字命名的公司继续运营,其年销售额超过150亿,员工超过45 000人,他们在从事着有益且令人舒适的职业。

◀你能错得多离谱?▶

达尔文①在孩童时抛弃了所有从事医学职业的想法,因此他父亲常常批评他是一个"懒惰的梦想家"。达尔文后来承认:"我的所有教师,还有我的父亲,都认为我是一个非常平凡的男孩,智力远低于一般水平。"达尔文后来在他的那本开拓性的《物种起源》一书中写道:"本书所提出的种种观点为什么会撼动每一个人的宗教情感,我看不出有什么正当的理由。"

---

① 达尔文(Charles Darwin),英国生物学家、进化论的奠基人。他于1859出版《物种起源》(*On the Origin of Species*)一书,提出了生物进化论学说。——译注

机械臂

1922 年 10 月,恰佩克①的那部很有影响力的舞台剧《罗素姆的万能机器人》在纽约的盖瑞克剧院首次上演,并使美国公众为之神往。当时美国发明家迪沃尔(George Charles Devol, Jr.)年仅 11 岁。"机器人"(robot)这个词是由恰佩克的兄弟提出的,因为它在现代捷克语中意为"农奴劳动"或者"艰苦劳作"。于是机器人很快就出现在美国各地的电影、书籍、喜剧、广播剧和几乎所有其他娱乐形式中。年轻的迪沃尔当然注意到了,因为他对于一切机械的和电气的事物都表现出了早期的兴趣。1932 年,迪沃尔决定不再继续求学,而是成立他自己的公司——联合电影语音公司,并且宁可选择开始发明他自己的产品 ,也不愿意与当时的那些电气巨头们竞争。

在他所取得的那些早期成就中,有自动电动门(如今这已成为世界上几乎每幢公共建筑物的一大特色)和一种分拣包裹的系统,而后者导致了现代条形码的产生。很难想象,在迪沃尔之前,没有任何人曾经想过不用把手,也不用推或拉,就能打开一扇门。联合电影语音公司之后又申请了照明、包装、印刷和自动洗烫衣机的专利。在第二次世界大战期间,迪沃尔卖掉了他的公司,开始研究无线电、雷达和微波技术,并参与了在诺曼底登陆日及其以后为所有盟军飞机提供反雷达系统的项目。这当然就是当代隐形轰炸机的先驱。不过正是在这场战争以后,迪沃尔将要对现代生活作出他最伟大的贡献。

迪沃尔最钟爱的地方是他在康涅狄格州的车库,他会在那里度过他的大部分时间,思考、困惑和寻找新的、别出心裁的想法。一天,当他在阅读一本技术

---

① 恰佩克(Karel Čapek),捷克作家,《罗素姆的万能机器人》(*Rossum's Universal Robots*)是他于 1920 年用捷克语编写的一套科幻舞台剧,其中使用了"机器人"这个词(当时的英文是"Robota",1921 年首演时才改成"Robot")。——译注

期刊时，看到了一张装配线的照片，于是他开始纳闷，为什么人类不得不去做如此重复枯燥的工作呢？这种工作所需要的无非是循环反复的手臂运动。他意识到，人类做这样不需要动脑的任务，注意力自然会分散，这就会导致伤害。他还知道，如果他能想出一种机器来完成所有这些重复工作，那么工作场所的条件就能得到改善。他很快明白，如果他能发明出一种工具，与人类手臂有相似的运动方式，并且能够紧紧抓住物体并将它们精确归位，那么这种工具的潜在用途将会无穷无尽。

迪沃尔立即画出了一种装置的草图，这种装置带有一个可独立于手臂运动的腕关节，其中有两个相向的手指，它们能紧紧地夹住东西。手臂的运动将由一台可编程的计算机来控制，实现数千种不同任务。尽管迪沃尔因为他的这项发明而获得了一项专利，但他在美国工业界仍然找不到任何人听信他的建议。此外人们再三告诉他，他的产品是一个馊主意，永远都不会有人为它投资。前方路上一扇扇大门都紧闭了。数年后,迪沃尔在参加一位友人的聚会时被引荐给在场的一位名叫恩格尔伯格(Joe Engelberger)①的有同样爱好的客人,后者是一家航空公司的工程部主管。这两个人坐下来喝了一杯,没过多久迪沃尔就在解释和概要描述他的机械臂想法了,而他也第一次察觉到自己是在跟一个完全理解他发明的人说话。恩格尔伯格坐在那里大为惊讶。他立即明白正在向他解释的事情,他只在科幻杂志中读到过,而他的这位新朋友却懂得如何使它实际运作起来。

> 在克拉克学院有"教授职位"的戈达德教授②以及史密森学会③的支持者们都不明白作用力与反作用力的关系,也不知道要有比真空更好的东西,用对它的作用来产生反作用。这样说会显得滑稽可笑。当然,他所缺乏的似乎只是我们的高中每天都在大量灌输的知识。
>
> 《纽约时报》1921 年就戈达德的火箭技术所发表的社论,1969 年 7 月 17 日该报撤回此文

与迪沃尔不同,恩格尔伯格是一位创业型的商人,他认识到机械臂会产生的大量潜在用途,于是一段改变世界的关系就此开始。在迪沃尔开始着手建造一台可以运作的原型机的同时,恩格尔伯格在巡视他的工业界同僚们的工厂,

---

① 恩格尔伯格(Joe Engelberger),美国物理学家、工程师和企业家。——译注
② 戈达德(Robert Goddard),美国物理学家、发明家,一生共获得了 214 项专利,他于 1926 年发射了人类历史上第一枚液体燃料火箭。——译注
③ 史密森学会是美国一系列博物馆和研究机构的集合组织,1846 年创建于美国首都华盛顿,资金来自英国科学家史密森(James Smithson)的遗赠。——译注

以使这台机器物尽其用。换言之,他在搜寻一些人们不想做的重要工作,当然其中也包括一些危险的工作,让这台机器去做,从而收效迅速。

当第一台原型机"尤尼梅特"准备就绪时,迪沃尔和乔用他们能想到的尽可能多的单调平凡的任务来测试它,结果发现它能够可靠地通过程序来执行他们指派给它的几乎每一项任务。他们确信会获得巨大的成功,但是很快又意识到机器人在美国的形象绝对不是正面的。当时,机器人总是一些坏家伙,而在电影里通常也能看到它们到处乱逛,造成大破坏、杀害人类。它们是恐怖片的素材,而结果证明,对他们的发明缺乏热情的情况完全出乎意料。恩格尔伯格建议拓宽视野,因此在美国遭遇普遍拒绝后,他将注意力转到日本,在那里战后的经济也正在腾飞。

不出几个月,就有好几家日本汽车制造商在他们的装配线上使用尤尼梅特了,而且发现他们得到了一类新的工人。它一天工作 24 小时,从不停歇、从不度假、从不受伤,而最为重要的是,它从不抱怨。生产率飙升,日本汽车制造商们靠着他们可靠而做工精良的产品,开始主宰这一产业。世界其他地区现在得紧追快赶了,因为他们还在依靠拿着扳手的工人 8 小时轮班来与迪沃尔的机械臂竞争。

短短几年后,全世界各地的工业界都在对他们的生产线进行计算机化,而机械臂也开始以数以 10 万计的新方式得到应用,并且在此过程中挽救了数千人的生命,其中包括美国太空计划,以及普遍应用于所有国家军队中的未爆弹的清理。结果证明迪沃尔和恩格尔伯格是正确的,正如他们从一开始就知道的那样。《大众机械》①杂志甚至将尤尼梅特列为 20 世纪的 50 大发明之一。

---

① 《大众机械》(*Popular Mechanics*)是一本著名的美国科技月刊,创刊于 1902 年。——译注

X 射线是一场骗局

如同许多伟大的医疗创新和发现一样，X 射线也是偶然发现的。伦琴①是一位德国物理学家，他在苏黎世大学②研究机械工程学，并在 1894 年被任命为维尔茨堡大学③校长。在 1895 年 11 月 8 日，伦琴正在开展一系列与阴极射线相关的实验，这种射线是另一位德国科学家希托夫于 1869 年首先确认的，不过在当时对它几乎一无所知④。

伦琴当时正在研究这些射线通过一个玻璃管中真空部分时的外部效应，他注意到附近的任何荧光表面都会变得明亮发光，甚至遮蔽它们使之不直接受光照时也是如此。然后他又注意到，如果将一只厚金属盘放置在玻璃管和荧光表面之间，就会投射出一个很黑的阴影；如果代之以一个密度较小的物体，比如他的短上衣，那么此时就会观察到一个不那么黑的阴影。他还记录下，这些看不见的射线会导致硬纸板和其他致密物质发出荧光。

伦琴一头雾水，于是当天傍晚时分，他决定制作一个黑色硬纸板箱子，将上述玻璃管完全遮挡起来。在关掉实验室里所有的灯以后，他开始了一系列实验。每一次，他都注意到有一丝微弱闪烁的光出现在大约 1 米以外。他划着一根火柴来一探究竟，结果发现这丝光线是由一块与实验无关的屏幕发出来的，

---

① 伦琴（Wilhelm Röntgen），德国物理学家，因发现 X 射线而获得 1901 年首届诺贝尔物理学奖。——译注

② 苏黎世大学是位于瑞士苏黎世市的一所州立大学，成立于 1833 年，是瑞士最大的综合大学，产生过爱因斯坦等 12 位诺贝尔奖得主。——译注

③ 维尔茨堡大学是德国巴伐利亚州维尔茨堡的一所公立大学，成立于 1402 年，是巴伐利亚州历史最悠久的大学。——译注

④ 阴极射线是在真空中观察到的电子流，1858 年德国物理学家普吕克尔（Julius Plucker）在观察放电管中的放电现象时发现，1869 年他的学生希托夫（Johann Hittorf）再次通过观察这种现象予以确认，1876 年德国物理学家戈尔德施泰因（Eugen Goldstein）将其命名为阴极射线。——译注

他原打算将这个布满了氰亚铂酸钡的屏幕用于另一个完全不同的实验。伦琴又一次开始将各种不同密度的物体放置在此光线和他的阴极射线之间，结果没有观察到其他任何不同寻常的现象，只是他的手的影像出现在屏幕上，没有任何皮肉，而骨骼清晰可辨。

这位科学家对于是什么类型的射线导致了这种新现象依然完全没有把握，于是他就以当时通常用来表示任何未知数的数学术语"X"来命名他的这项新发现。仅仅两星期后，伦琴为他夫人的手拍摄了有史以来第一张 X 射线照片，而她见到自己的骨骼时就晕了，并大声宣布："我刚刚看到了我自己的死亡。"很快，科学界就将这种新发现称为"伦琴射线"，至今许多国家仍然是这样称呼的，尽管伦琴本人并不赞成，并坚持将他的这项重要发现仅称为 X 射线。

不过，科学界中有一些成员还要过很久以后才会信服，4 年之后的 1899 年，德高望重的开尔文勋爵还在宣称："事实将证明 X 射线是一场骗局。"请注意，正是这位汤姆孙还曾强烈驳斥达尔文的进化论，公开宣称"无线电技术没有未来"，并宣布"比空气重的飞行机器是不可能实现的"。

> 我对所有此类在这里被称为科学的事情都厌倦了。在过去的几年中，我们已经为它花费了上百万，现在应该是停下来的时候了。
>
> 美国参议员卡梅伦（Simon Cameron），
> 1901 年于史密森学会

电话是一种毫无意义的玩具

19世纪早期,人们进行过数次尝试,想让美国东海岸和西部边疆城镇建立起联系,那些城镇是随着欧洲移民迁向那里而自行建立起来的。从1828年开始,大西部铁路就在运送货物、补给和邮件了。不过在那之前,驿站马车是唯一的通信手段,而且可能会花费数月的时间。情况在1837年发生了改变,莫尔斯在那年发明了第一台可靠的电报机,使用一种同样由他发明、以他的名字命名的代码。这台电报机能够远距离传输几乎即刻就能收到的消息,电报立即就取得了成功。在接下来的20年中,全国各地电线高悬,有时候挂在木桩上,有时候挂在树上。当树木在微风中摆动时,这些电线就会伸展卷曲,使它们看上去犹如葡萄藤一般,这使得电报赢得了"葡萄藤"(grapevine)这个充满柔情的昵称,并成为英语中的一种约定用法。

不过,到19世纪60年代,新一代的电气工程师们已经在实验用各种途径沿着这些电线传输声音了。1876年,其中的两位,美国的格雷(Elisha Gray)和英国工程师贝尔(Alexander Graham Bell)恰巧在同一天到美国专利局去申请专利,那是2月14日。贝尔赢得了这场随之而来的纠纷,因为他的律师比格雷的律师早两小时递交了申请,这样就确定了他的历史地位。那么另一方面,格雷那边又是怎么一回事?好吧,请想象一下,如果他后来发现,他的律师在去往专利局的途中停下来吃了一顿午餐,他会如何反应。永存的声望与默默无闻之间、名扬四海与鲜为人知之间,也就只有如此细微的一线之差。

这场纠纷渐渐公开化,而通讯和电报业界普遍对此漠不关心。纽约西联电报公司1876年间的一份内部简报得以公布,其中透露:"这种'电话'具有太多缺点,因而不能严肃地将它作为一种通信手段来考虑。这种装置本来就对我们毫无价值。"西联公司总裁奥顿(William Orton)确信,电报早已成为"贸易的中

枢神经系统"，其地位不可取代。英国人的热情甚至更低，下面的这段话就将这一点显露无遗了。英国邮政总局总工程师普里斯傲慢地宣称："美国人说不定会需要电话，不过我们不需要。我们有足够多的电报投递员。"（普里斯后来在欣然接受新技术方面吸取了教训——参见"无线电"一节。）

1868年，《纽约时报》刊登了一条新闻："一名男子由于试图向无知和迷信的人们骗取钱财而在纽约被捕。他的伎俩是出示一种装置，声称可以用它将人的声音通过一些金属线传输到任意距离以外，于是另一端的听者就能听到。他将这种仪器称为电话。见多识广的人都知道，通过电线来传输人的声音是不可能做到的。"

《波士顿环球报》①也发表了一篇文章，其中包含以下叙述："见多识广的人们都知道，不同于用莫尔斯电码的点线可以做到的，通过电线来传输人的声音是不可能做到的。而且即使能够做到，这个东西也不会有任何实际价值。"

尽管发明遭遇如此负面的反响，但是贝尔和他的工程师团队还是继续研究

① 《波士顿环球报》（Boston Globe）是一份美国马萨诸塞州波士顿发行的日报，创刊时间为1872年。——译注

这一想法。1876 年 8 月,有史以来第一次,来自 6 英里以外的声音能够通过电线被听到。不过当时的美国总统海斯①在观看为他安排的演示后表示:"这是一项伟大的发明,不过谁会想要用它呢?"随后贝尔和他的资助者们,即哈伯德②(他在翌年成为贝尔的岳父)和桑德斯(Thomas Sanders)就这项专利出售给西联公司的出价是 10 万美元,而奥顿回复说,电话"只不过是一种毫无意义的玩具"。

仅仅过了两年,人们就都知道奥顿已向同僚们说道,如果他能"现在以 2500 万美元买下这项专利,那我会认为这是很上算的"。不过他的机会已经溜走了,贝尔公司不再想出售。到 1886 年,超过 150 000 美国人拥有电话,而贝尔、哈伯德和桑德斯也成了大富翁。与他们当时那些深思熟虑的建议相映成趣的是,贝尔公司创建了一项如今估价约为每年 5 万亿美元收益的产业。

你能错得多离谱?

爱因斯坦(Albert Einstein)到 4 岁时才会说话,到快 8 岁时才认字。他的父母和老师们开始都认为,他要么是智力上有障碍,要么就是不喜社交。最后,他被学校开除,而且投考苏黎世联邦理工学院也遭到拒绝。不过,人们公认他最终赶上来了,他赢得了诺贝尔物理学奖,并且在其一生中改变了许多被广为接受的科学信念。

---

① 海斯(Rutherford B. Hayes),美国第 19 任总统,1877—1881 年在任。——译注
② 哈伯德(Gardiner Hubbard),美国律师、慈善家,美国国家地理学会会长及创办人。——译注

计算机

——谁需要它们呢？

1924 年，计算制表记录公司董事长费尔柴尔德（George W. Fairchild）去世，继任者是销售团队负责人和公司董事长托马斯·J·沃森（Thomas J. Watson）。当时该公司的产品范围涵盖收银机、称重机、切肉机、卡片打孔机、加法机以及守时系统。沃森刚刚独掌大权，就将公司的名称改成了国际商用机器公司（International Business Machines，缩写为 IBM），这可谓雄心勃勃，因为当时公司业务甚至还没有覆盖全美范围。然而不出 4 年，沃森就将公司的年收入翻倍到了900 万美元。

生意蒸蒸日上，到 20 世纪 30 年代，IBM 的德国子公司是公司里盈利最高的，这在很大程度归因于提供给纳粹党的卡片打孔机，以及它们对根据人种、性别和宗教信仰来记录公民所在位置的普查数据（即犹太人住在哪里）进行的制表工作。1937 年沃森为此获得了德意志雄鹰勋章①，不过 1940 年当他归还这枚勋章时，据说希特勒（Adolf Hitler）怒不可遏，宣布沃森永远不得再踏足德国土地。

IBM 在第二次世界大战期间继续盈利，不过在考虑正在浮现出来的那些新兴技术和产品时，沃森于 1943 年发表了那则很著名的声明："我认为世界市场上也许最多只需要 5 台计算机。"沃森一直不愿与电子计算发生任何瓜葛，直至他于 1949 年退休，因为他认为这既昂贵又不可靠，甚至在他那条轻蔑预言早已被证明不正确以后仍然如此坚持。他的儿子和继任者小托马斯·沃森（Thomas Watson Jr.）持有不同意见，并立即开始雇用一些电气工程师来设计和建造大型

---

① 德意志雄鹰勋章是希特勒于 1937 年设立的外交勋章，主要授予对纳粹德国友好的外国人。——译注

计算机。1950 年,定制设计的美国空军 SAGE① 追踪系统占据了 IBM 当年一半以上的计算机销售额。

尽管已有许多人认识到这种新技术的潜能,但事实依然是这样的状况:当时世界上仍然只有 12 台大型计算机。小沃森曾雇用了一位专家来确定计算机是否存在市场,而这位原子能委员会橡树岭国家实验室的赫德(Cuthbert Hurd)预言他能找到大概 30 台机器的买家。小沃森当场就解雇了他。好吧,即使他当时没这么做的话,那么他也应该这么干的。IBN 的计算机销售在 1950 年没有任何盈利,然而小沃森说道:"不过这使我们能够先于其他任何人建造起一些高度自动化的工厂,并培训出数以千计电子工业方面的新工人。"他冷静地积蓄力量,后来得到了丰厚的回报。到 1956 年,小沃森已经使 IBM 的收入翻了 3 倍,从 2 亿美元增加到 7.43 亿美元,并且在他作为董事长的整整 20 年中一直维持着这个增长率,而此时 IBM 已称霸于不断成长的全球计算机产业。

老沃森的缺乏远见并没有止步于个人计算机。在 1939—1944 年之间,IBM 是拒绝卡尔森②设计的电动复印机器的 20 家公司之一。在那个时候,复制任何文件的唯一方法是使用一页或多页复写纸,把它们放在纸页之间,而当时的技术创新者们也看不到有什么动机去设法改进这种操作。1949 年,IBM 甚至发布了一条傲慢的声明,作出如下断言:"全世界复印机器的潜在市场最多只需 5000 台。没有足够大的市场,因此没有生产的正当理由。"正如我们所知,他们以前就曾经错过。

事实证明,正是在 1949 年这一年,纽约专利局职员卡尔森改进了他的机器,并将其复印过程重新命名为"静电复印术",这是他由表示"干燥书写"的希腊单词修改而得的。他组建了施乐公司,并为自己赚得了 1.5 亿财富。他告诉

---

① SAGE 的全称是"Semi-Automatic Ground Environment",即"半自动地面防空系统"。——译注
② 卡尔森(Chester Carlson),美国律师、发明家和专利代理人,静电复印技术的发明者。——译注

妻子,他最后追求的目标是要"像一个穷人那般死去",之后他就把大部分财产捐赠给了儿童慈善组织。不过,卡尔森的财富可不会只是 IBM 拒绝他的机器所损失的金额。1955 年,他将专利权卖给施乐复印机公司,其最终计价相当于,只要世界上任何地方用施乐复印机复印一页,他就得到 1/16 美分。这笔账你们自己来算算吧。

> 四处移动的动物具有四肢和肌肉。地球没有四肢,也没有肌肉,因此它不会移动。
>
> 比萨大学哲学与数学教授基亚拉蒙蒂(Scipio Chiaramonti)于 1633 年反驳伽利略的理论时所说

在 20 世纪 60 年代到 90 年代期间,数字设备公司①对 IBM 在计算机产业中的优势地位提出了一个确实有效的挑战,他们的 PDP 系列获得了数百万的销售量,这使他们在 20 世纪 80 年代已跃居该行业的第二大公司。不过,DEC 没能认识到 20 世纪 80 年代期间微型计算机的迅速崛起,以及与此并行的、对家庭计算机的需求。1977 年,公司创始人奥尔森(Ken Olsen)透露,他看问题的角度错了。他曾经这样说过:"没有任何理由说明为何会有人想在家里用上一台电脑。"尽管他自己家里就有一台。

家用计算机的崛起和工作场所文字处理器的使用,在过去的 20 年中导致了全球各地数十亿台这类机器的销量,不过在此期间 DEC 的衰落与 30 年前它

---

① 数字设备公司(Digital Equipment Corporation,缩写为 DEC)是成立于 1957 年的美国电脑公司,1998 年被康柏电脑公司收购,2002 年同康柏电脑公司一起被惠普公司(Hewlett-Packard Company,缩写为 HP)并购。——译注

的崭露头角同样壮观。1992 年,帕尔默(Robert Palmer)取代奥尔森成为公司总裁。他在努力挣扎维持公司生存时,开始了一项裁员计划。最后,在 1998 年,DEC 被卖给康柏公司,而其个人电脑制造部则静悄悄地关闭了。另一方面,IBM 在 1981 年 8 月以 IBM 个人电脑进入人们的家庭和办公室,至今它仍然是世界上最大的技术公司之一,其估价为 2.14 千亿美元。

喷气发动机

　　1916 年正值第一次世界大战，飞机开发正在以急速的步伐前进，这时发生了一件里程碑式的事件，最终将永远改变航空业的进程。这一事件就是在英格兰沃里克郡皇家利明顿温泉疗养地附近，一架出了发动机故障的单座飞机紧急迫降。按照如今通常的看法，这并不是什么大事，甚至没有任何不同寻常之处。但是当时一个名叫惠特尔（Frank Whittle）的 9 岁学童目击了这场轻微事故，这个小男孩的父亲是当地的一位工程师，他拥有利明顿阀门与活塞环公司。不过此时，年少的惠特尔已经对工程学显示出浓厚的兴趣，很快就会成为他父亲的单缸内燃发动机方面的一名专家。而且他立即就对那天下午看到的事情着了迷。事实上，他对于这架飞行机器如此全神贯注，以至于没有注意到飞行员正在准备再次起飞,而差点被撞倒了。

于是惠特尔把接下去的 5 年时间都用在工作间里开发自己对于机械的认知,并在当地的利明顿图书馆学习飞行、天文学、工程学及最关键的涡轮机方面的理论。到惠特尔 15 岁那年,他决定自己去当一名飞行员,并且在 1922 年申请加入英国皇家空军。1923 年 1 月,惠特尔轻松地通过了资格测试,然而却被第二条障碍挡住了,由于身高问题没能通过体格检查:他只有 5 英尺①高。他的胸部也被查明为"太小"。惠特尔显示出早于一般人的顽强毅力,在接下去的 6 个月里他都与一位体能训练指导在一起,以提高他的胸围尺寸。到他再次申请的时候,他不仅长高了 3 英寸②,而且胸部也宽了 3 英寸。不过他被告知,不允许投考者再次递交申请,因而又被拒之门外。

即使那样,惠特尔仍然不甘挫败而再次申请,这次是用了一个假名,并最终得到录取,在林肯郡的英国皇家空军克伦威尔基地作为学徒修理工参加为期 3 年的培训课程。惠特尔在第三次请求后,终于注册进入皇家空军的培训技术学校,而他的这种坚忍不拔将会成为他工作生涯中的一大特色。

惠特尔很快就对自己的决定感到后悔了,因为他的反叛本性与武装部队内部的严格纪律制度频频发生冲突。他还设法使自己信服,他永远没有机会成为一名飞行员。惠特尔考虑放弃,但是他参与了航空器模型学会的活动,而且他制作的复制品的高品质引起了指挥官的注意,后者推荐这位年轻的工程师去参加军官培训。惠特尔立即认识到这是他的重大机遇。这项课程中包括了飞行课,而到 1927 年,仅仅在飞机上待了 14 小时后,他就获准独自飞行。就在这个时候,惠特尔决定在皇家空军中成就一番事业,并且作为他的毕业论文,他选择写一篇关于飞机设计发展潜力的论文,其中一部分内容涉及高空飞行以及以高

————————————————————

① 1 英尺≈0.30 米。——译注
② 1 英寸≈2.54 厘米。——译注

于 500 英里的时速飞行。这两个目标以前都有人考虑过,但当时都被认为"无法实现"而遭到摒弃。然而,21 岁的惠特尔却另有见解。他的论文标题为"飞机设计的未来发展"(Future Developments in Aircraft Design),其中论证了利用传统的活塞和螺旋桨式发动机为何不可能达到这样的速度,而他提出了一种替代方案——涡轮发动机。他最终写出的论文为他赢得了阿布迪·杰拉德航空科学研究人员纪念奖。惠特尔还被主考官描述为"一位平均水平以上至超常的飞行员"。

1929 年,空军少尉惠特尔被委派到英格兰南海岸的中央飞行学校,他在那里成为一名教官。在此期间,这位年轻的工程师向以前曾担任过专利审查员的空军中尉约翰逊(Pat Johnson)展示了他有关"涡轮"或"涡轮—喷气"发动机的那些设计和提议。中尉向他们的指挥官通报了情况,而惠特尔获得鼓励,将他的设计递交到英国空军部。空军部本身没能领会这种喷气推进式发动机的概念,因此将这些文件转给了格里菲思(A. A. Griffith),他们知道这位资深的工程师也在进行一种与此相似的研究。好奇的格里菲思邀请惠特尔进行一次会面,惠特尔在这次面谈的过程中解释了他的设计,并表达了他是如何"完全相信它"。不过,格里菲思却无动于衷,并告诉这位自诩的发明家:"我肯定你是相信它的,不过这完全不切实际。"他接下去概述了计算过程中他称之为的那些"根本缺陷",然后惠特尔就被打发走了。格里菲思随后向顶头上司递交的报告导致他们完全否定了惠特尔的提议。

不消说,惠特尔和约翰逊仍然保持乐观,并于 1930 年 1 月着手为这项设计申请专利。既然英国皇家空军已经不理会这一概念了,因此也就没有必要将它视为机密了,于是惠特尔保留了其商业权。当他的专利公布出来时,伦敦的德国贸易委员会得到了一份复本,并立即把它发送给德国空军部和德国航空发动机制造商们,而这些制造商随即深入钻研其中的细节。然后在 1935 年,惠特尔收到了预备军官威廉斯(Rolf Williams)的一封来信,建议筹集资金由他们来实际研制一架喷气发动机。惠特尔表示同意,之后威廉斯又介绍了另外两位朋友——福尔克(O. T. Falk)及其合伙人投资银行的廷林(J. C. B. Tinling)和兰斯洛特·劳·怀特(Lancelot Law Whyte)。这4个人随后达成一致意见,在1935年11月建立动力喷气有限公司。与此同时,德国人及他们自己的工程师奥海恩(Hans von Ohain)也开始按与此相似的想法去做,不过还是惠特尔在1937年首先发动了第一台工作原型机。其中也并不是没有出现一些创业期问题,当团队成员发现即使在他们关闭涡轮机后它还在不断加速时,他们几乎惊慌失措了。他们后来发现是燃料发生了泄漏,并聚集在进入口周围。一旦这些燃料烧完后,发动机终于开始减速。

> 有一个年轻的疯子提议为伦敦的街道照明。你料想是用什么呢?是用烟吗?
>
> 司各特爵士①在听到用煤气灯给街道照明的提议时所说

惠特尔又一次没能吸引空军部的注意力,他的专利也在两年后失效了,因为他无力偿付5英镑的专利延续费。英国皇家空军拒绝给他报销。后来他被送到剑桥大学攻读机械科学学位,那里的一位航空学教授看了一眼他的设计后评论道:"惠特尔,我亲爱的孩子,是的,这非常有趣,不过它永远不会奏效。"然而,德国人则确信得多,并且到1937年底也发动了他们自己的工作原型机。现

---

① 司各特爵士(Sir Walter Scott),苏格兰历史小说家、诗人。——译注

在得益于后见之明，很容易看出为什么德国空军对于研制喷气式发动机更加认真，这是因为他们当时正在为欧洲的战争做准备。然而，英国人却仍然在拒绝承认这样一种可能性，仅让动力喷气有限公司的投资伙伴们去资助其开发，投资总额只有 2000 英镑，并许诺在 18 个月的时间内再另外投资18 000 英镑。现役英国皇家空军军官惠特尔获得特许研究这一项目，其前提条件是每星期不超过 6 小时——这清晰地表明了英国政府和空军部对于他的喷气式引擎项目评价程度之低。

与此同时，在纳粹德国那一边，奥海恩已经准备好在 1939 年演示他的真实飞行原型机。随着战争在当年 9 月爆发，动力喷气公司的全体员工仍然只有 10 人。全欧洲战争爆发的可能性近在眼前，再加上惠特尔在空军部受挫，这些都开始对这位工程师造成伤害。惠特尔写道："我所肩负的职责实在是沉重。要么我们及时得到结果，此时我们的皇家空军手中将会有一种强大的新武器；要么我们未能及时得到结果，缘于我们所抱有不切实际的希望及由此而采取的行动，这将使皇家空军迫切需要的数百架传统飞机不能及时得到生产。我周围有一群优秀的人。他们都像奴隶一样工作，其辛劳程度之甚，以至于存在着由于身心俱疲而导致错误的风险。"

就惠特尔本人而言，他开始倍感压力，而这引发了心悸和湿疹。他的体重下降到只剩 57 千克，并且开始依靠兴奋剂苯丙胺来帮助他熬过 16 小时的白天，为了晚上入睡又要服用镇静剂。在空军部有一次到访动力喷气公司时，他们几乎已经没有足够的钱来使工作间里的灯亮着。惠特尔和他的团队做到了使发动机运行 20 分钟而没有出现任何问题。有一位空军部官员，即科学研究主任派伊（David Randall Pye），在离开演示现场时，终于确信了这种发动机的潜力。1940 年 1 月，空军部订购了仅仅一台试验发动机，而在 3 个月后又签署了一份合同,要求罗孚汽车①建立一条生产线,在接下去的两年内每个月交付多达3000台喷气式发动机。惠特尔随后被晋升到皇家空军中校。

1941年5月15日,在试验飞行中演示了第一台喷气式发动机,结果获得巨大成功,但是德国和盟军都没能及时批量生产对战争结局造成有意义的影响的喷气式战斗机。不过可以这样认为:假如英国政府在20世纪30年代中期更加认真地对待惠特尔及其喷气式发动机,那么喷气式飞机原本会起到重大作用,而使第二次世界大战的结束要比实际的最后终结时间早得多。

最终,在近20年以后,惠特尔终于被证明是正确的,他那革命性的、改变生活的远见卓识得到了公认。不久,美国人接受了惠特尔的喷气式发动机,并且很快就明白了它在和平时期可能会对横跨大西洋的旅行造成怎样的变革。后来所谓的"喷气机阶层"②很快就能在短短几小时内离开伦敦到达纽约了(由于两地有5小时的时差)——原先就是乘坐最快的船也得花费长达一个星期的时间来完成这段旅程。1943年7月,惠特尔被晋升为空军上校,翌年1月他又荣获大英帝国勋章中的司令勋章③,以表彰他的工作。1944年4月,英国政府决定将他的公司收归国有,而惠特尔的股份只得到了10 000英镑的补偿。不过到这个时候,他已经住进了医院,在那里度过了6个月的神经衰弱康复治疗。一直到惠特尔出院为止,他始终都是社会主义者,而从

---

① 罗孚汽车是一家英国汽车制造商,曾经制造了英国女皇座驾,后几经转手,2005年宣布破产,同年被南京汽车集团有限公司收购,2007年随同南京汽车集团有限公司被上海汽车工业(集团)总公司整体收购。——译注
② 喷气机阶层是指乘坐喷气式飞机到处旅行的富豪们。——译注
③ 大英帝国最优秀勋章(Most Excellent Order of the British Empire),简称大英帝国勋章(Order of the British Empire),是英国授勋及嘉奖制度中的一种骑士勋章,由乔治五世于1917年所创立。勋章分民事和军事两类,共设五种级别,分别为:爵级大十字勋章(Knight/Dame Grand Cross,男女皆简称"GBE");爵级司令勋章(Knight/Dame Commander,男性简称"KBE",女性简称"DBE");司令勋章(Commander,简称"CBE");官佐勋章(Officer,简称"OBE");员佐勋章(Member,简称"MBE")。——译注

这时开始他改变了政治立场,在他的余生中都转而支持保守党。

◀ 你能错得多离谱?

1971 年 9 月,直言不讳的美国生物学家、《人口爆炸》(*The Population Bomb*,1968 年)①一书的作者埃利希②博士为英国生物学研究所作了一场演讲,其间他声称:"到 2000 年,大英联合王国将只不过是一小群贫困的岛屿,上面居住着 7000 万饥饿的人。假如我是一个赌徒的话,我会下等额的赌注,押公元 2000 年英格兰将不再存在。"他还声称到 1980 年,印度将"无法养活 2 亿人口"。《新科学家》③杂志后来在一篇题为"赞扬预言家们"(In Praise of Prophets)的社论中赞同这番言论。埃利希还预言说,6.5 千万美国人将在 20 世纪 80 年代饿死,而到千禧年末,美国人口将下降到只剩 2.26 千万。

1948 年 5 月,惠特尔终于获得了皇家专门调查委员会授予的 100 000 英镑奖金,以表彰他的工作。两个月以后,他又被授予大英帝国勋章中的爵级司令勋章。不幸的是,在短短几个月中,惠特尔在美国进行了一场令人疲累的巡回演讲,他的健康状况再次垮了,因此他在那一年的 8 月以健康理由从皇家空军退役。

---

① 此书中译本 2000 年由新华出版社出版,译者钱力、张建中。——译注
② 埃利希(Paul Ehrlich),美国生物学家,曾对人口增长和有限资源所带来的后果提出严重警告。——译注
③ 《新科学家》(*New Scientist*)是一本由英国发行的国际性科学周刊,创刊于 1956 年,1996 年设立网络版。——译注

惠特尔在第二次康复后，晚年的工作都是为各大国际公司做技术顾问，其中包括英国海外航空公司和壳牌石油公司，只是在间歇时间撰写了一本传记，传记的标题恰如其分——《喷气式飞机：一个开拓者的故事》（*Jet: The Story of a Pioneer*）。后来，他在位于美国马里兰州的美国海军学院接受了海军航空系统司令部的研究教授职位后移民到美国。惠特尔专心执着、坚定不移的卓识远见给我们带来了现代的喷气式客机。他于 1996 年 8 月 9 日平静地去世，他的骨灰被运回英格兰，并被放置在伦敦威斯敏斯特大教堂①的皇家空军圣堂中。

---

① 威斯敏斯特大教堂是位于伦敦市威斯敏斯特区的一座大型哥特式建筑风格的教堂，是英国君主安葬或加冕登基的地点，1987 年被列为世界文化遗产。——译注

卫星通信

卫星的定义是一个"绕着另一个更大的天体沿轨道运行的天体,或者一个设计用于绕着地球、月球或其他天体沿轨道运行的人造物体(飞行器)"。如今的现代卫星通信网络概念最初是在第二次世界大战结束后的一个时期中构想出来的一种手段,用于跟踪和监听苏联和东欧之间相互传输的无线电信号。第一颗通信卫星本质上就是一个暗中侦查苏联人的装置,而它事实上是由苏联人自己于 1957 年 10 月 4 日发射进入轨道的。那是在苏联卫星计划(斯普特尼克计划)的开始阶段,而这项计划开启了 20 世纪 60 年代苏联与美利坚合众国之间充满传奇色彩的太空竞争。猝不及防的美国人早在 1955 年就宣布过他们想发射通信卫星的意向,因此发觉已被苏联人抢先一步后大惊失色。不过,他们在 1958 年 1 月 31 日作出了反应,发射了他们自己的人造卫星探险者 1 号。

不过在 1957 年,卫星通信的理念在很大程度上算不上是新的了。早在 1728 年,当时正在考虑引力和行星运动的英国物理学家和数学家艾萨克·牛顿(Isaac Newton)已经在《论世界的体系》(*A Treatise of the System of the World*)一书中概述了他的各种理论,其中首次考虑了轨道卫星的可能性。这本书是在他去世后的下一年里出版的。后来在 1879 年,科幻小说作家凡尔纳①在其很受欢迎的《蓓根的 5 亿法郎》(*The Begum's Millions*)②一书中描写了人造卫星。1903 年,俄罗斯科学家齐奥尔科夫斯基(Konstantin Tsiolkovsky)在他的《利用喷气推进装置探索太空》(*Exploring Space Using Jet Propulsion Devices*)一书中发表了第

---

① 凡尔纳(Jules Verne),法国小说家、博物学家、科普作家、现代科幻小说的重要开创者之一。一生写了 60 多部科幻小说,其中包括《地心游记》(*Voyage au centre de la terre*)、《从地球到月球》(*De la terre à la lune*)、《海底两万里》(*20 000 lieues sous les mers*)等。——译注
② 此书有多个中译本,标题均按照法语原文"*Les Cinq Cents Millions De LA Begum*"翻译。——译注

一份关于利用火箭发射宇宙飞船的学术研究。25 年后,坡托埃尼克(Herman Potoènik)描述了轨道航天器在观测方面的应用和军事应用。他还提出利用无线电技术作为航天器与地球之间的通信手段。

不过,第一次严肃提出这个理念的是另一位科幻小说作家阿瑟·C·克拉克①。他在 1945 年 10 月为《无线世界》②撰写了一篇题为"地外中继站——火箭站能提供覆盖全世界范围的无线电吗?"(Extra Terrestrial Relays-Can Rocket Stations Give World-Wide Radio Coverage?)的文章。这篇文章探究了由多个轨道卫星组成的网络覆盖整颗行星地球的可能性,这就会实现高速的全球通讯。随后美国军方开始更为仔细地寻求可利用的技术。在随后的 1946 年 5 月,以研究军事武器的长远未来为目标而设定的兰德计划公开发表了题为"实验性环球宇宙飞船的初步设计"(Preliminary Design of an Experimental World-Circling Spaceship)的论文,文中将环球宇宙飞船描述为"20 世纪最强效的科学工具之一"。不过,并不是所有人都如此热情。美国空军公布了一项声明,其中解释了他们为何不相信卫星具有任何军事潜力,因此认为它是一种"科学、政治及宣传工具"而不予考虑。而断然否定通信卫星这一理念的也并非仅此一家。

1920 年 1 月 13 日,《纽约时报》发表了一篇文章,编者在其中预言"火箭永远不能离开地球的大气层",这是回应关于齐奥尔科夫斯基理论的讨论。而在 1926 年,美国发明家德福雷斯特对以下可能性提出质疑:"要将一个人放置在一架多级火箭上,并把他投射到月球控制的引力场中,在那里他可以进行科学观测,也许能活着着陆,然后再返回地球?所有这一切构成了一个值得凡尔纳一写的狂野梦想。我有足够的勇气说,无论未来所有的进展如何,这样一场人为

---

① 阿瑟·C·克拉克(Arthur C. Clarke),英国科幻小说家,最著名的作品即下文提到的《2001太空漫游》(*2001 : A Space Odyssey*)。——译注

② 《无线世界》(*Wireless World*)是一份技术工程月刊,1913 年创刊,1996 年起更名为《电子世界》(*Electronics World*)。——译注

的航程永远都不会发生。"他也不是唯一有此想法的人，因为即使在 1961 年，即第一次卫星发射成功 3 年之后，前美国联邦通讯委员会①委员克雷文（T. A. M. Craven）还傲慢地宣称"将把太空通信卫星用于美国国内，以提供更好的电报、电话、电视或无线电服务，这种可能性实际上并不存在。"当时整个观念普遍就是如此负面，以至于甚至在美国国防部长福里斯特尔（James Forrestal）于 1948 年 12 月 29 日宣布他的部门正在协调努力，从而会在 1958 年春季发射卫星之后，他的继任者却只是声称："我没有听说过任何美国的卫星计划。"当然，其中也许有美国当局方面在那段后来被称为冷战的时期中保密和遁词的成分。

尽管存在如此种种否定，以及在连续几代最优秀的头脑中都有人作出消极预测，1964 年还是实现了第一次卫星电视广播，当时有关日本主办的夏季奥运会的新闻报道被送入全美各地的家家户户。仅仅在 3 年前，美国最资深的政府通讯工程师还坚持认为卫星不可能改善全球通讯。由此，许多人把 1945 年为《无线世界》撰写那篇文章的作者克拉克当成了通信卫星的发明者。事实上，这是美国海军及其"月球中继通信计划"的杰作，这项计划开发了一项可靠的技术：利用作为一颗天然卫星的月球，检测从其表面反弹回来的无线电波。他们那项雄心勃勃的地球—月球—地球通信计划显然是如今现代卫星通信网络的先行者，首先对它给出具体想象的就是克拉克。

机关枪是一种被过分高估的武器。每个营有两挺就绰绰有余了。

黑格（Douglas Haig）将军，1915 年

---

① 美国联邦通讯委员会（Federal Communications Commission，缩写为 FCC）是对无线电、通信等进行管理与控制的美国联邦政府机构，电子电器产品需拿到 FCC 认证证书才能顺利进入美国市场。——译注

　　1963 年,克拉克的远见为他赢得了富兰克林学会①的斯图尔特·巴兰坦奖章②,并两次担当英国行星际学会会长。20 世纪 60 年代期间,克拉克开始以世界顶级科幻小说作家的身份为人们所知,并创作出许多小说和非小说类书籍,其中包括影响深远的《2001 太空漫游》,这部作品使他蜚声全球。2008 年 3 月,在他去世前不久的一次访谈中,克拉克被问及是否曾意识到卫星通信对世界会变得如此重要。他神秘兮兮地回答道:"人们常常问我,为什么我没有为通信卫星这一理念申请专利,我的回答总是:'专利实际上就是一张被人控告的许可证。'"2000 年 5 月,克拉克由于对文学的贡献而被授予爵位。通讯和气象卫星的地球同步轨道被非正式地称为"克拉克轨道"或"克拉克带",以表彰他的先见和远见。

---

① 富兰克林学会位于美国费城,1924 年为纪念美国科学家、政治家本杰明·富兰克林而成立。
② 斯图尔特·巴兰坦奖章是一项科学与工程奖项,以美国发明家斯图尔特·巴兰坦(Stuart Ballantine)的名字命名。——译注

微波炉

斯潘塞（Percy Spencer）的父亲去世时，他才只有 18 个月大，而他的母亲很快就把他送去跟她的姐姐和姐夫同住。到他 7 岁那年，他姨父也去世了，只剩下小主人珀西和姨母相依为命。珀西到 12 岁时不得不辍学，到当地的工厂找工作。他在那里上日班，从日出工作到日落，以维持自己和姨母的生计。16 岁时，珀西听说当地有另一家造纸厂要实现现代化，达到安装电力系统的程度。由于珀西所在的社区地处偏远，根本就没人能告诉他关于电力的任何知识，因此他开始尽可能多地阅读他能找到的关于这一正在兴起的新技术的书籍。等他申请到这家工厂工作的时候，他已经学会了如此之多，以至于他发现自己成了参加安装新供电系统的 3 个人之一，尽管他从未接受过任何培训，甚至从未正式学习过电的理论。当然，珀西甚至也从未完成过他的学业。

到他满 18 岁的时候，有一天早上他随手拿起一份报纸，读到了关于泰坦尼克号处女航发生的灾难。当时大多数人都在谈论这艘坚不可摧的轮船的沉没，而引起珀西注意的却是无线通信操作员们在其中所起的作用。于是他立即决定报名加入美国海军，这样就可以学到关于这种令人着迷的无线通信新技术的所有知识了。他一入伍，便尽其所能去学习有关无线电的知识，就如后来他回忆的："我只是得到了一大堆教科书，并且在晚间站岗时自学。"

第二次世界大战爆发时，斯潘塞已经成为一名世界顶尖的雷达管设计者。当时他在雷神公司工作，该公司是美国国防部的承包商，他在其中任功率管分部主管。他在开发作战雷达设备方面负有重任，这种研发在大战期间将会享有盟军军方的第二高优先级，仅次于创造了原子弹的曼哈顿计划。到这时，斯潘塞已是微波无线电信号研发的核心人物，正在试验制造这种设备的更高效方法。一天，当斯潘塞站在一台正在运转的雷达设备前时，他注意到自己实验室工作服口袋里的巧克力条先是变软,然后就融化了。这种事并不是第一次发生,然而天性爱钻研的斯潘塞却成了首先研究这种事件背后原因的人,特别是因为他并未检测到周围的温度有任何的上升。

一开始,他将一盘玉米粒放在该雷达装置前方,然后惊奇地看到它们在 1 分钟内在他周围四散爆开。(顺便说一句,爆米花日后将成为全世界最受喜爱的微波炉食品。)随后他又用其他食物进行实验,其中包括一个被放在茶壶里的鸡蛋。一位同事在往内部窥视以看得更仔细时,鸡蛋突然爆散到他脸上,这想必是一个非同寻常的时刻。斯潘塞后来将一个高密度电磁场发生器置入一个封闭的金属盒中,从而能够进行一些更加安全、更加受控的实验,并且他的团队在监控温度和烹饪时间的同时,观察它对于各种不同事物产生的效果。世界上第一台微波炉就这样被造出来了。他认识到自己的偶然发现所具有的重大意义,于是雷神公司在 1945 年 10 月 8 日为"微波烹饪炉"申请了专利,这个炉子后来被称为"雷达炉"。

> 汽车实际上已达到其发展极限，这一点可以通过以下事实看出：在过去的一年中，没有作出过任何一种根本性的改进。
>
> 《科学美国人》①杂志，1909 年 1 月 2 日

　　第一批雷达炉高 5.5 英尺、重达半吨以上，这就意味着它们只能用于需要在短时间内烹饪大量食物的那些场所。更糟糕的是，这些笨家伙售价接近 3000 美元，因此只有铁路公司、造船厂和大型廉价餐厅才会去买。其中最成功的是快速熏肉香肠热狗自动售卖机，这台机器于 1947 年 1 月被安装在纽约中央车站，在几秒钟时间内就能出售"嘶嘶作响的美味"热狗。不过，食物评论家们很快指出，那样做出来的法式炸薯条从来就不会香脆，而经其煮熟的肉也不会变成褐色。在某些情况下，肉看起来甚至都像没被煮熟似的。不过，微波炉遭受的最大打击是雷神公司董事长亚当斯（Charles Adams）的私人厨师告诉他，如果亚当斯坚持要在雷达炉里烹饪食物，那他就辞职不干了。微波炉既受到美食家又受到厨师的猛烈抨击，看来是失败无疑了。还得再过 20 年，直到 1967 年，才有一种家庭厨房小型机面世，售价仅 495 美元。即便如此，还要再过 15 年，斯潘塞的这项偶然发明才会变得大众能负担得起，并成为每家每户厨房里不可或缺的用具。现今，西方世界中有超过 90% 的家庭厨房里至少有一台微波炉，这多亏了一块平淡无奇却又非常重要的巧克力条。

---

① 《科学美国人》（*Scientific American*）是一本美国科普杂志，是美国历史最长的、连续出版的杂志，1845 年创刊时为周刊，现已改为月刊。——译注

消防员的安全兜帽

多少世纪以来,对于城镇规划者和开发者来说,火灾的威胁一直是个问题。皇帝尼禄①认识到了这一点,因此当公元 64 年罗马城被焚时,他坚持新城市开发的灭火设施必须更有效地应对再次爆发的火灾,而这绝非无足轻重。1666 年伦敦的那场大火是另一个例子,消防员无法足够靠近火苗,从而无法扑灭它们,结果不得不拉倒楼房作为防火障。问题当然在于,消防员不能失去对他们性命攸关的空气供给,或者会被烟雾和其他有害气体熏倒,从而总是无法到达与着火建筑物足够近的距离。多年来,为了保证消防员能比较安全地救火,人们做了不少努力,包括防护服、圆拱形头盔及皮靴,但其中无一有助于消防员在靠近火焰时呼吸,更不用说身处在着火的建筑物内部了。在发生矿井火灾时情况更是如此,以致死亡频发。

早期的初步规章包括以下工作指南:消防员要把胡须留长,然后在应对火灾前把它们用水浸湿。他们信以为真地认为将弄湿的胡须塞进嘴里能帮助他们在烟雾弥漫的建筑物内进行呼吸。1825 年,意大利发明家阿尔迪尼(Giovanni Aldini)设计了一种既能防热又能提供新鲜空气的面罩,而这引发了一些安全设备设计的新尝试。一位名叫罗伯茨(John Roberts)的矿工制造出一种过滤式面罩,被广泛用于欧美各地,随后人们又尝试将空气软管接到用手抽动的风箱上。19 世纪 50 年代期间镀锌橡胶的发展(参见"硫化橡胶:查尔斯·固特异"一节)引发了一些改进的想法。1861 年,现代市政消防服务的创始人布雷德伍德(James Braidwood)设计出一种自给自足的空气供给器,方法是将两个有橡胶内

---

① 尼禄(Nero),罗马帝国皇帝,公元 54—68 年在位,公元 68 年在暴动中自杀。公元 64 年发生的罗马城大火连烧 6 天 7 夜,几乎全城尽毁。大火起因不明,但很多人认为纵火者即尼禄本人。——译注

衬的帆布袋连在一起,消防员可以将它们穿在背后,并在紧急情况下使用。不过,这两个袋子笨重累赘,在需要使用它们的时候还需拔出塞紧的软木塞且安上管子。这在任何紧急情况下都谈不上理想。标准装备中还得添上护目镜、一顶皮兜帽和一个哨子,其中没有任何一样东西会在一场严重的火灾中救下多少性命。

1907 年,非洲裔美国人加勒特·摩根(Garrett Morgan),他是一位以前的奴隶的儿子,在俄亥俄州的克利夫兰开设了自己的缝纫和修鞋店,并且很快就赢得了好名声:一位技术娴熟的工程师,有着创造性的思维。他发明了一种缝纫机用皮带扣,并且在 1908 年创立了克利夫兰有色人种协会。翌年,他又开了一家女士服装店,并雇用了 32 个人来制作他的那些广受欢迎的服装设计。1910 年的一天早晨,摩根读到关于一场大火的消息,这场大火也被称为"大焚烧",它几乎摧毁了华盛顿州、蒙大拿州和爱达荷州的 300 万英亩①林地,大火期间死亡人数达 87 人,其中 78 人是派去灭火的消防员,他们都死于吸入烟雾。

在读完这篇报道后,摩根坐下来试图找到一种能确保消防员更为安全的方法,他专注于为那些最靠近危险的人提供新鲜空气。不出两年,摩根就发明了一种安全兜帽,并在 1912 年申请了这项专利,但是没有一个行政管理部门对他的设计感兴趣。尽管摩根在 1914 年组建了国民安全设备公司,但他不得不集中精力搞他的理发美容产品,包括拉直头发用的发乳、染发剂及梳非洲式头发的发梳。不过他对于自己的安全兜帽设备仍然持有信心。这种设备利用一块湿海绵来过滤和冷却火灾中的烟尘,并且有一条便携的软管悬挂在消防员的脚上,用于在烟雾弥漫的建筑物中,从聚集在最靠近地面处的空气层中吸入干净空气。他用白人演员来演示他的装置,而且他允许这些演

---

① 1 英亩≈4046.86 平方米。——译注

员在全国各地的巡演中宣称是他们自己发明了安全兜帽,结果取得了不大不小的成功。不过,有时候他自己会装扮成一个纯粹的印第安人(称为梅森大酋长),冲进充满有害火灾气体的建筑物,或者冲进装满粪肥的帐篷,从而令观众毛骨悚然。梅森大酋长会停留在里面长达 20 分钟,然后才毫发无损地再现,以此使观众大为吃惊。

1916 年的一场悲剧性事件才最终使摩根的安全兜帽赢得了它们应得的国际称颂。那一年,在伊利湖①底下发生的一次爆炸(参见"克林顿的沟渠"一节)使许多人受困其中,接近他们的多次尝试都遭失败,因为救援人员本身也被烟雾熏倒而罹难。没有任何其他人再想进入坑道,不过此时有一名营救队成员想起他见过梅森大酋长的一次演示,于是在当天晚间派一名报信者前往摩根的住处,说服他带来尽可能多的面具,能带来多少就带多少。摩根反应如此神速,以至于他还穿着睡衣就和他的兄弟到达了现场。不过他们确实随身带来了 4 顶安全兜帽。然而,救援队中的大多数人还对摩根的发明持怀疑态度,更考虑到

————————————

① 伊利湖是位于美国和加拿大交界处的北美洲五大湖之一。——译注

他们队里的好几位其他成员都没能从竖井中返回，因此无论有没有安全兜帽，大部分队员都拒绝冒险进入。

另一方面，摩根兄弟则无这样的犹豫，他们俩立即自己戴上兜帽，消失在竖井下，随同前往的只有他们能够征召到的仅有的两名志愿者。时间一分一秒地过去，气氛越来越紧张，直到摩根兄弟肩上扛着两名先前参与救援行动的成员出现时，气氛才缓和下来。很快，又有两人跟上，并且随着信心开始增长，其他人也戴上安全兜帽全速冲入。更多幸存者被抬了出来，那些没能生存下来的人的尸体后来也被找回。摩根 4 次进入坑道，许多生命得救。

可悲的是，克利夫兰市政官员们和报纸都没能认识到摩根兄弟的勇敢之举，而且还设法避免提及那套如此成功使用的设备应归功于摩根。官员们吁请卡内基英雄基金委员会①向参与救援行动的许多人颁发奖章，却将摩根兄弟排除在外，普遍认为这种冷落是出于种族歧视的动机。不过，幸而其他救援队员和一群克利夫兰市民确实向这对兄弟表示了谢忱，并在 1917 年为他们颁发了镶有钻石的金质奖章。国际消防工程师协会也授予摩根一枚奖章，并授予他荣誉会员的称号，以表彰他的发明。此发明随后经改进而成为消防员标准装备的组成部分。

消防安全兜帽还不是摩根对于现代社会的最后一个贡献。随着汽车开始与自行车、行人、二轮马车、四轮马车和成群赶着走的牲畜争夺公路空间，摩根在一个主要道路交叉口目睹了一起重大事故而惊恐不已。对这种日益严重的交通混乱状况，他立即开始着手研究一种解决之道，并在 1913 年开始对信号装置进行实验。于是到了 1922 年，这位发明家为他的第一个机械信号系统申请了专利，这个系统可以很容易地用一个手摇曲柄单人操作。接下去，现代交通

---

① 卡内基英雄基金委员会由 20 世纪美国钢铁大王、世界首富卡内基（Andrew Carnegie）于 1904 年创办，旨在奖励见义勇为的美国和加拿大人士。——译注

灯就被发明出来了。摩根晚年时健康状况不佳,眼睛也几乎瞎了,但他还是继续进行新发明的实验和研究,其中包括自行熄灭的香烟,试图为所有仍然依靠木结构建筑的乡村社区进一步降低火灾风险。他的巧妙想法采用了一个灌满水的塑料小球,并将它置于过滤嘴处。摩根指出,任何被丢弃的香烟一旦烧穿这个小球,它就会自行熄灭。

尽管摩根身前几乎没有获得什么认可,但是后来他所在的城市以如下形式向他致以敬意:加勒特·摩根克利夫兰科学学院和加勒特·摩根污水净化厂。在伊利诺伊州的芝加哥也有一所同名的小学。美国各地有许多街道以摩根的名字命名,而在 2002 年他被列入"100 位最伟大的非洲裔美国人"名录之中。这实在是理所当然的。

你能错得多离谱?

1970 年 1 月,《生活》①杂志发表的一篇专题文章预言,预计的日益严重的空气污染会使到达地球表面的阳光量至少减少一半。尽管其中提到有些人可能会有异议,但是这篇专题文章仍辩解道:"科学家们具有可靠的实验和历史证据支持这一预测。"

---

① 《生活》(*Life*) 杂志是一本在美国发行的周刊,1883 年创刊时是一本幽默周刊,1936 年起改为新闻摄影纪实周刊。——译注

降落伞

降落伞设计的最早证据可以上溯到文艺复兴时期,有一份匿名的意大利手稿所标注的日期是 1470 年。这挺奇怪,因为当时的建筑物并不特别高,而且第一次有文献记录的气球飞行直到 1709 年 8 月 8 日才得以实现,因此实际上并没有什么场所是需要一套装置来减缓下降速度才能跳下来的,除了非同寻常的悬崖以外。即便如此,1514 年达·芬奇(Leonardo da Vinci)还是在他的笔记本里画出了一张降落伞的设计草图。而一个世纪以后,一位名叫维兰奇奥(Fausto Veranzio)的克罗地亚天主教牧师借用达·芬奇设计的细节,造出了一顶刚性架构的降落伞,他在 1617 年期间用这顶降落伞从圣马可钟楼①上跳下。维兰奇奥对于他这项发明的书面描述,以及随附的草图,揭示了他的这个后来被称为"Homo Volans"(飞人)的装置。人们认为维兰奇奥还发明了第一座金属拱形桥,此外他还因改进了风车设计而闻名。尽管无论关于他的死亡,还是他从圣马可教堂钟楼上安全跳下的尝试都鲜有记载,不过我们确实知道这两件事发生在同一年,因此我们可以对当时出现的情况作出一个有根据的猜测。

圭多蒂(Paolo Guidotti)在 1590 年对改变达·芬奇的设计,从而使之更适用,有过一次更早的尝试,不过结果只是成功地从他家的屋顶上落下来,而且还摔断了一条腿。维兰奇奥的成就最终在 1648 年被记录在伦敦皇家学会秘书威尔金斯(John Wilkins)撰写的《数学魔法,或者可以由机械几何实现的奇迹》(*Mathematical Magick or, the Wonders that may be performed by Mechanical Geometry*)一书中。

此后要再过很长一段时间,才会出现另一次从很高处安全飘到地面的尝

---

① 圣马可钟楼是意大利威尼斯圣马可广场附近,靠近圣马可教堂的一座钟楼,高度为 98.6 米。——译注

试。准确地说是在 166 年后,那是在 1783 年 12 月 26 日由法国人勒诺尔芒
(Louis-Sébastien Lenormand)所做的。普遍认为这是第一次有人目击的、受控的
下降。他紧紧抓住一个 15 英尺的刚性架构"雨伞样物",从蒙彼利埃天文台的
塔楼上向下一跳(他以前实际上是练习过的,抓住两把雨伞从树顶上跃下)。事
实上,勒诺尔芒演示他的设计是作为一种让人们在发生火灾时从高层建筑物上
跳下逃生的手段,也正是他将希腊语单词"*para*"(意思是"对抗")和法语单词
"*chute*"(意思是"下落")连起来,杜撰出了"降落伞"(parachute)这个术语。尽
管演示获得了成功,而且热气球发明者蒙戈尔菲耶(Joseph-Michel Montgolfier)
也到场见证,不过没有任何其他人准备再试身手。只有另一个法国人布朗夏尔
(Jean-Pierre Blanchard)除外,他在 1785 年把他的狗放在一个降落伞篮子里,从
一个气球上扔了下去。不过那可不能算数。1793 年,布朗夏尔还声称他利用降
落伞从一个燃烧的热气球上逃脱,但是没人看见,也就没人相信。而且由于法
国大革命是当时的主要新闻,因此我猜想也没有人过多在意此事。

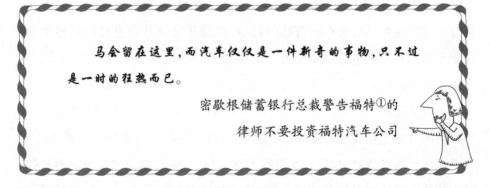

> 马会留在这里,而汽车仅仅是一件新奇的事物,只不过
> 是一时的狂热而已。
>
> 密歇根储蓄银行总裁警告福特①的
> 律师不要投资福特汽车公司

不过,人们认为布朗夏尔在 18 世纪 90 年代末设计了第一顶无框架的可
折叠丝质降落伞,但是没有任何记录说明他自己曾经使用过它,使用的只是

———————————

① 福特(Henry Ford),美国汽车工程师、企业家,1903 年创建福特汽车公司。他是世界上第一位实
　际应用装配线并大量生产而获得巨大成功者,从而使汽车在美国真正普及化。——译注

他的狗而已。相反,这项尚存疑问的荣誉落到了另一位法国人头上,加尔纳里安(André-Jacques Garnerin)成为不用刚性架构跳伞的第一人。1797年10月22日,他从一只3000英尺高处的热气球上跃下。尽管他安全地坐在系在这顶丝质降落伞上的一只柳条篮里,但是他的结构在半空中猛烈摇晃,并失去了控制,随后硬着陆在一块旷野里。幸运的是,他确实毫发无损地现身了。他的妻子珍妮(Jeanne)恰如其分地表示了钦佩,并且在若干年后自己也一试身手。随着传闻扩散到整个欧洲,加尔纳里安夫妇受邀进行了一系列演示,因此诞生了那首广为流行的英国民谣:"勇敢的加尔纳里安上去了/这使他名声大震/然后又安全返回地球/在他那顶宏伟的降落伞中。"(不,我也从来没听过这首民谣。)尽管他们的努力确实激励了其他人,但是所谓其他人也并不是很多,并且将跳伞作为从建筑物或气球上跳下来的一个安全选项,仍然不为大众接受。

英国艺术家、业余科学家科金(Robert Cocking)目睹了加尔纳里安在1802年的巡回演示中在伦敦的跳伞表演,于是1837年他自己也决定一试。尽管当时已经61岁,而且没有任何经验,但他还是设计出自己的降落伞,并说服伦敦沃克斯豪尔花园大野餐会的组织者们将他的初次登场作为他们的主要卖点来宣传。1837年7月24日晚上7点35分左右,科金悬挂在一个热气球下方的篮子里,摇摇晃晃地高高升至空中。他原来的意图是要从8000英尺高的气球上释放他的发明,但是由于计算错误,到他发现自己漂浮在好几英里之外的格林尼治时,高度只有5000英尺。科金意识到夜幕即将降临,又面临这次尝试有夭折的可能,于是他就释放了他的降落伞。显而易见,他还进一步犯了一些计算错误,而他的死亡日期(1837年7月24日)也确证了这次尝试的结果。在19世纪里还有一些人作过进一步的努力,也都得到了与此相似的结局。

赖歇尔特(Franz Reichelt)是一位出生在奥地利的法国裁缝,现在有时被称为"飞行裁缝"。1912 年他因设计了一顶飞行服降落伞而出了名,希望那些早期的飞行员会购买它们,从而在他们万一被迫从高空飞行的飞机上跳下来时能挽救他们的性命。在早先的那些日子里,他们中有许多人确实被迫这么干过。赖歇尔特说服了巴黎市府当局允许他将一个身穿这种飞行服的裁缝的假人模型从埃菲尔铁塔①上扔下来,以此吸引最大的公众注意,为他的设计做宣传。然而,在获得准许以后,他在 2 月 4 日早上 7 点钟到达铁塔,并向正在聚集起来的人群宣布,他打算自己跳下来。他的朋友们以及一些观看者都尽力劝阻他,但赖歇尔特心意已决,于是当着如潮的人群,其中还有几台早期新闻电影摄像机,他又为一长串堕入黄泉的法国人名单增添了一员。又一次,他作此尝试的日期与他的死亡日期再度揭示了这次特别演示的后果如何。

从维兰奇奥从威尼斯钟楼跃下的第一次尝试以后过了近 300 年,人们仍然在说:"这并不是一个很好的主意,是吗?"不过另有一些人却仍然在试图完善降落伞。事实上,在 1911 年和 1912 年期间,出现过一番疾风骤雨般的活跃状态,而且显然不乏为了演示他们的设计而准备把自己扔出气球或飞机外的人。竞赛仍在继续着。

在这些人中,有一个出生在奥匈帝国的斯洛伐克移民小伙子,名叫巴尼奇(Štefan Banič),他是美国宾夕法尼亚州格林维尔市的一名煤矿工人。巴尼奇当时还花时间在夜校学习工程学,努力想要使自己从今后将要面对的体力劳动中解放出来。1912 年的一天,在轮班结束从矿井回家的路上,巴尼奇惊恐地看到一架飞机从天空中俯冲下来,恰好在他面前坠毁。飞行员完全没有生还希望。这件事在巴尼奇的脑中挥之不去,于是他开始考虑能够救下飞行员的方法。这时距离莱特兄弟首次飞行只过去 9 年,航空业仍然处在发展初期。巴尼奇觉得

---

① 埃菲尔铁塔是位于法国巴黎的镂空结构铁塔,塔高 320 米,巴黎最高建筑物,1889 年为迎接世博会而建。——译注

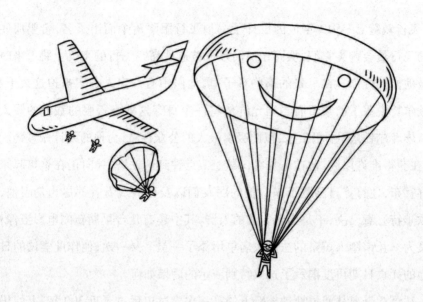

只要能做到更安全，并且当飞行员的发动机在半空中发生故障时，他们还有生还的机会，航空业才有希望，而当时发动机发生故障的情况要比如今能够想象的常见得多。当时降落伞的想法已经不算新了，不过无一能可靠地发挥作用。至少还没有一项让飞行员能在飞机座舱中佩带的降落伞。

巴尼奇深信可以对这些早期设计进行改进，于是他开始在一个谷仓里手缝降落伞部件。他采用天篷用的帆布，并系上延伸杆，这些延伸杆既可以伸长也可以缩短，他还设计了一条可以系在腰间的吊带。巴尼奇觉得他的降落伞如果能够被操纵，或者甚至能保持打开状态的话，就会比以前的那些尝试更安全、更可靠，而将它系在胳膊下面就能做到这些。他穿着一件看起来很古怪的短裙在一个谷仓的房顶上跳下来，邻居们对此越来越习以为常。但是过了一段时间后，巴尼奇开始完善他的想法。最后，他做出了他认为可以奏效的原型，不过他必须首先演示他的降落伞确实是起作用的，否则就不能申请专利。他还必须从一个比谷仓房顶高得多的地方证明其有效。因此他计划了一场极为公开，并且同样冒险的演示：从位于华盛顿的美国专利局对面的一幢建筑物顶上跃下。

1914 年 6 月 3 日,人群蜂拥而至,其中包括几位军事观察员和专利局官员。此时巴尼奇爬上这幢有 15 层楼的建筑顶端,在屋顶边缘处站稳,深吸了一口气后纵身跳下。

令所有人都大为惊诧的是,他的降落堪称完美,巴尼奇以一种安全而受控的方式在他们面前着地。他的宣传噱头获得了圆满成功,人群兴奋不已。他获得了专利(1914 年 8 月 25 日,编号 1 108 484),军方也立即产生了兴趣。当时正处在第一次世界大战伊始,如果一种装备能够使飞行员逃出发生故障的飞机,并安全返回地面,那么其设计想法在优先考虑的清单中就排在前面了。因此巴尼奇立即将自己的专利捐赠给美国航空促进学会和新成立的陆军通信部队,后者进一步开发了他的设计,使之对飞行员更具实用性。降落伞很快就变成了所有盟军飞行员的标准配置,无数生命因此被救。第一次世界大战是许多企业家和发明家都从中获利的一段时间(参见"胡子刮得干干净净"一节),但巴尼奇的远见却既没有得到表彰,也没有获得任何回报,尽管他的发明成为了战争史上最为重要的部分之一(如果不算航空业本身的话)。

如今,巴尼奇的降落伞裙只不过是博物馆里的一件奇异物品而已,但它确实开启了航空安全的一场革命。战争结束后,巴尼奇回到他的故土,当时被称为捷克斯洛伐克①的地方,一直留在那里,直至 1941 年去世,而那时已是第二次世界大战初期,第一批伞兵团正在组建中。降落伞最开始时是一件简单的安全装置,到这时已发展成一种空投置人于死地的步兵的方法,将他们投送到一些原本无法到达的区域。1970 年,在斯洛伐克首都布拉迪斯拉发机场为巴尼奇竖立起一座纪念碑,是他最终证明了降落伞终究确实是个好主意,而此时距最初创意的提出恰好 500 年。

---

① 捷克斯洛伐克是 1918—1992 年存在的共和国,1992 年解体,并于 1993 年起分为捷克和斯洛伐克两个独立国家。——译注

　　几乎从第二次世界大战最后一枪打完的那一刻起，汽车就会开始衰落。西科尔斯基①的名字会变得像福特一样众所周知，因为他的直升机几乎会取代这种老式汽车，成为普及的交通工具。每个车库里停放的不是一辆汽车，而是一架直升机。这些"直升机"将会如此安全，并且生产成本如此之低廉，以至于会为十几岁的少年制造小型模型机。当学校放学的时候，这些小巧的"直升机"就会布满天空，就好像战前的道路上到处都是我们的年轻人在骑自行车那样。

广受尊敬的航空业记者布鲁诺
（Harry Bruno）在 1943 年所作的预言

---

① 西科尔斯基(Igor Sikorsky)，俄罗斯飞机和直升机设计师，1919 年移民美国。他设计出世界上第一架四引擎飞机和第一种投入生产的直升机，并提出现代直升机的通常设计形式(单旋翼带尾桨)。——译注

我们每天仍然都在用的那些古老发明

剪刀最初是在公元前 1500 年左右发明的，在古埃及的废墟中发现了一些早期的实例。一开始，它们是用一整块金属锻造出来的，有一对刀刃连接在一个 U 形的、类似弹簧片的把手上。然后再过 1600 年，罗马人才开发出了一种更加实用的设计，采用两片十字交叉的刀刃，中心处用一枚螺钉或铆钉连接，而现在剪刀的制作方式仍然与此完全相同。它们得到了裁缝和理发师们的成功应用，尽管罗马人直到公元 6 世纪才将他们的技术引入欧洲各地，但是还要再过 1000 年它们才得到普遍使用，即欧洲各国最终投入剪刀制造已是 16 世纪了。

眼镜的最早记录来自罗马人，不过后来发现的最早设计是在中国找到的，时间可追溯到 13 世纪。与此同时，两个意大利人正在研磨可以矫正远视眼的透镜。比萨的达尔马特（Salvino D'Armate）和佛罗伦萨的斯皮纳（Alessandro Spina）当时都在生产架在鼻梁上的早期镜片。用于矫正近视的镜片要到一个世纪以后的 15 世纪初才被研发出来。再过 200 年，才有人想到将镜片用钩在耳后的镜腿连接起来，从而使它们对于使用者来说变得实用得多。不过，进展仍然很缓慢，直到美国政治家、发明家富兰克林在 1775 年研究出一种方法，把凸透镜和凹透镜组合在一起，从而既能矫正近视又能矫正远视（双光眼镜），这种眼镜成为所有后继眼镜设计的蓝本。在眼镜最终发展确立为现代生活不可或缺的一部分之前，经过了一段长达 1700 年的发展时期。

指南针的制造最早是在中国汉代，即公元前 2 世纪到公元 2 世纪之间的某段时间。中国人首先注意到，如果把天然磁石（即各种天然的磁矿石）悬浮在水面上，常常是放在一片树叶上，或者放在其他轻得足以能够漂浮的东西上，那么它们总是指向同一个方向。不过不能确定当时的中国人是否认识到这个方向就是地磁北极，因为当时对于远洋航行还几乎一无所知。而他们的装置甚至也

似乎从未用于航行目的。相反,它被用在某种早期的风水的测定之中,以确定建筑物和道路的精确方向。

火药的制造最早是在中国,当时至少有一位勇者发现,硝石(硝酸钾)、粉末状的木炭和硫磺的混合物具有爆炸性。我们只能想象第一个意识到此事的人当时脑海里闪过的是什么,但愿想到的不是他的木屐。一开始,中国人用他们的发明来制造可以从很远距离处看到的信号弹。后来,他们开发出现代的烟火,最终有一个聪明人意识到可以用它们来发射箭矢。这种火箭用竹筒填满火药和碎铁片的混合物制成(榴霰弹),然后绑上一支箭,点燃导火线,于是整个火箭就从一张弓上发射出去。入侵的蒙古人最初几次猛攻金国军队的阵地都以失败告终。当这些火箭中的第一批开始降落在他们之中时,他们想必是极为震惊的。

阿基米德

根据传说,国王希伦二世问希腊叙拉古的数学家、工程师阿基米德(Archimedes of Syracuse)①,卖给他用于装饰新神殿的金子中,是否被不诚实的黄金商人掺入了比较廉价的金属。国王把他的王冠交给了阿基米德,他知道那是纯金制成的,并委任阿基米德去测试这两种样本。这就给阿基米德留下了一个问题,因为他不敢斗胆以任何方式切削或破坏这顶王冠,而熔化它显然更是毫无可能。相反,为了与商人的样本作比较,他必须想出一种计算出其密度的方法。阿基米德在仔细思量这个问题时洗了一次澡,他注意到坐进水里的过程中水位是如何上升的。接下去发生了所有学生都知道的著名事件,他意识到这就是一种确定王冠密度的方法,因为把王冠放入水中时,它会排开与它体积相等的水量。正如故事中所说,这时他跳出浴盆,光着身子跑到路上,嘴里还喊着"Eure-

---

① 叙拉古是意大利西西里岛上的一座沿海古城,希伦二世(King Hiero Ⅱ)是当时叙拉古的国王。——译注

ka"，这在希腊语里表示"我发现了"。（如果你至今还没有听说过这个故事，那你上课时应该多加注意才是。）

他确实发现了：他发现了一种被称为阿基米德原理的测量手段，即任何整个或部分浸入液体中的物体会受到一个向上的浮力，这个力的大小等于该物体所排开液体的重力。换言之，这就是那些巨大的轮船会保持漂浮状态的原因。阿基米德就是利用这条原理证明了金子中掺有比较廉价、密度也比较低的银。国王如何处置那个商人不得而知，不过我们可以猜测他不会只拿着收据去换回退款了事。我们确实知道的是，阿基米德的确设计了国王希伦定制的超级大船"叙拉古西亚号"，这是当时最大的船。他在造船过程中为了抽出舱底的水，发明了一种方法来将水向上移动。这个将几片螺旋形叶片封装在一个圆柱体内部的装置，很快就被称为阿基米德螺旋泵，并且从那一刻起它彻底改变了设计和建筑学。毕竟，罗马人拥有所有那些喷泉和高架渠，如果没有一种手段将水向上运送、抵抗引力的下拉，你会怎么想呢？

现今，阿基米德螺旋泵仍然被用于抽取液体、移动谷物或煤尘，它对螺旋推进器产生了影响，而后者历经多年后使得远洋轮船大为改观。第一艘使用螺旋推进器的蒸汽机船于1839年下水，这艘船被称为"阿基米德号"汽轮，以纪念使这一切成为可能的这个人。阿基米德还发明了爪形器械，这是一种像吊车一样的装置，用来降落到敌船上，再把它从水里提起来。它是现代机械起重机的先驱。人们还认为他开发了热射线，就是将一排镜子面朝太阳，从而将太阳的光线瞄准那些正在接近叙拉古海港的敌船。这些敌船在区区几秒钟内就突然着火了。他还发明了滑轮组系统和投石弩炮，后者在许多世纪中都是造成大规模损毁的一种有效武器。

搬起石头砸自己的脚

——因自己的创造断送了性命的发明家们

下面这个章节中的故事全是关于被自己的创造杀死的发明家们。其中一些想法立即就被抛弃了,很容易看出这是为什么。然而另一些却仍然在日常生活中使用。这里不会提到降落伞,因为前文已经提及,而且更重要的原因是为此牺牲的发明家太多了,这就很难在此给予他们充分恰当的评述了。

癌症的治疗

玛丽·居里(Marie Curie)很可能是科学史上最著名的女性。在她的一生中,获得了许多奖项,其中包括诺贝尔物理学奖(1903 年)和诺贝尔化学奖(1911 年),从而成为两度获此殊荣的第一位科学家(无论男女)。居里接着又获得了更多奖项,甚至在她去世后还有。玛丽·居里原名玛丽·斯克洛多夫斯卡(Marie Skłodowska),出生在波兰华沙,后来在巴黎的索邦学院①学习,她在此期间缺乏生活费用,日常饮食只有面包和茶,导致健康问题频发。不过,她确实在 1893 年获得了物理学硕士学位,然后得到了一项委托任务:研究各种各样的金属并鉴别它们的磁性能。而正在此时,她的命运出现了转折。因为需用工作场地,有一位朋友将这位年轻的波兰人引见给了法国物理学家皮埃尔·居里(Pierre Curie),这是一位声誉渐隆的科学家,而更重要的是他有权使用实验室。两人很快就有了浪漫关系,并组成了一对令人敬畏的

① 索邦学院为巴黎大学前身,在巴黎大学成立后成为巴黎大学的一个学院,现在也常用索邦来指代巴黎大学。——译注

科学搭档。

　　不久以后,玛丽·居里在研究了贝克勒耳[1]和伦琴的工作(参见"X射线是一场骗局"一节)后,使用铀射线进行了实验,并在此过程中杜撰出"放射性"这个词。她的新婚丈夫很快就暂停了自己的研究,加入了妻子的实验。到1898年,这对夫妻已经鉴定出了一种新的放射性元素,他们称之为钋,以表示对玛丽故乡的敬意[2]。1903年,皮埃尔悲剧般地英年早逝了。当时他在巴黎被撞倒在一辆马车前,造成致命的头骨碎裂。心碎的玛丽着魔似的继续进行她的研究。在第一次世界大战期间,她积极促进了便携式X射线机的使用,后来人们深情地将这种机器称为"小居里"。而且众所周知,她总是随身携带装满铀的试管,把它们放在实验室工作服的口袋里。这个习惯以及她对科学的献身,最终导致了悲剧收场。1934年,她住进法国帕西的桑塞罗谋疗养院,并在7月4日死于由于长期暴露在辐射中而导致的再生障碍性贫血(白血病)。正是由于玛丽·居里的开拓性工作,才出现了20世纪放射疗法在癌症治疗中的成功应用。

先进的炮艇

　　科尔斯(Cowper Coles)既是一位英国海军上校,也是一位发明家。1830年,年仅11岁的他就加入了英国皇家海军,并在许多次军事行动中战功赫赫。在对抗俄国的克里米亚战争期间,他在1855年的塞瓦斯托波尔围城战[3]中表现尤其突出。翌年,科尔斯已被晋升为桨式单桅帆船"斯特隆博利号"皇家海

---

[1] 贝克勒耳(Henri Becquerel),法国物理学家,因发现天然放射性现象,与居里夫妇分享1903年诺贝尔物理学奖。——译注
[2] 钋的拉丁文Polonium的词根是"波兰"的意思。——译注
[3] 克里米亚战争是1853—1856年俄国与英国、法国、土耳其、撒丁王国之间的战争,塞瓦斯托波尔围城战(1854—1855)是期间的一场战役,双方僵持了整整一年,最后英法联军得胜,这场战役决定了俄国在克里米亚战争中的败局。——译注

军舰艇的指挥官,这艘船在这场冲突结束前一直在黑海巡逻。在此期间,科尔斯与其他几位军官用几个空桶设计并建造了一条 15 米长的木筏,他们为它取名叫"南希女士",还在它的甲板上绑缚了一门 32 磅①的炮。利用这艘船,科尔斯指挥官得以操控这门炮进入浅水区,攻击了位于塔甘罗格②的俄国供应仓库,而这项任务仅靠他们以前的深水船只是不可能完成的。这次行动使科尔斯成了英雄,于是他开始展开其他一些军事技术设计的实验,这给海军元帅留下了足够深刻的印象,因此将他送往伦敦,向格林尼治的那些政要们解释他的各种想法。科尔斯的这些富有创造性的计划深受认可,不过其中还没有任何一项来得及付诸实施,战争就结束了。

此时已正式成为海军上校的科尔斯并未因此气馁,而是开始设计装有炮塔的军舰。这种军舰上有一个可以安装枪炮的旋转平台,于是可以快速瞄准任何方向。这在当时是一种显著进步,因为以前那些船舰必须迎风缓慢转动,直到它们的火炮面对目标为止。科尔斯的旋转炮台无疑是炮艇的未来,他在 1859年 3 月 10 日申请了专利。他的设计受到了热情的支持,尤其是阿尔伯特王子③,后者鼓励海军部在 1862 年建造起第一艘装有炮塔的军舰。不过,科尔斯只得到设计炮塔的许可,而放置炮塔的船的建造则交给海军总工程师沃茨(Isaac Watts)。随后科尔斯又改进了他的设计,并提出了他迫切想自己建造的其他几种船,不过他再三遭拒而没能得到这些机会。

最终,在获得日益增长的公众支持后,科尔斯获准监督建造他最新设计的船。不过,海军部在他们作出决定时产生了分歧。事实上,海军部的分歧如此

---

① 1 磅≈453.59 克。——译注
② 塔甘罗格是俄罗斯西南部的重工业城市。——译注
③ 阿尔伯特王子(Prince Albert),英国维多利亚女王(Queen Victoria)的表弟和丈夫,与女王成婚后被册封为亲王(Prince Consort)。——译注

严重,以至于这个项目并没有获得正式"批准",而是标上了"不予以反对"。"船长号"皇家海军舰艇于 1867 年开始动工建造,虽然海军总监造师里德(Edward Reed)代表官方对其适航性表示了担忧,但它在 1870 年 1 月完成了几次成功的试航。不过里德仍然不甚信服,最终在同年 7 月由于这一争端而辞职了。另一方面,科尔斯的新船在接下去一个月正式下水,发明者本人也在船上,于是事实证明科尔斯是正确的。不过,又过了一个月,当这艘船在公海上航行时,天气突然恶化,刮起一场大风,吹袭了炮塔上方的上层轻甲板。"船长号"皇家海军舰艇在调头过程中发生倾覆。科尔斯及近 500 名英国海员随船下沉,并葬身大海。

最初的太空人

万户是 16 世纪中国明代的一位官员,他成为传奇人物的原因在于,他试图成为到达外太空的第一人。万户的宏大计划是利用当时中国先进的、以火药为基础的烟花技术来建造火箭,而这些火箭会轻而易举地将一把椅子发射升空。他打算用什么计划安全返回地球,我们仍然不得而知。当万户完成测验后,盛况空前的一天来到了。当天这位发明家将 47 枚最强力的火箭绑缚在一把大椅子上,穿上他最为华美的服装,登上座椅准备发射。

然后 47 名忠诚的仆人每人点燃一根导火线后,匆忙跑开寻找掩体躲避。他们从一堵墙后窥视,后来报告说只听到一声巨大的爆炸声,而等烟雾一散开,这位无畏的发明家以及他的椅子都已无迹可寻。这个人从此杳无音讯,而为了向他表示敬意,月球背面①的一个环形山被命名为"万户环形山"。有些人诚心诚意地相信这就是他实际着陆的地点。另一方面,其他人也许会有更现实些的结论。

---

① 原文为"暗面",应为"背面"之误。——译注

成也血液败也血液

波格丹诺夫(Alexander Bogdanov)是一位充满争议的人物,这位布尔什维克①元老在俄国革命之前早就脱离了该党派。不过,他和列宁(Vladimir Lenin)曾志同道合,而后者仍然敬他为科学家。列宁也重视他的意见。在20世纪头10年,他曾是列宁的竞争对手,但最终又转为支持列宁。而从列宁这方面来讲,只要波格丹诺夫往后远离政治,一心研究科学,那他就可以得到原谅。于是波格丹诺夫在接下去的20年中做过内科医生、经济学家、科学家、教师和发明家(还有其他种种身份),并且他还是控制论的早期爱好者。他还创立了世界上第一所专门机构,全力研究现在我们所说的输血。在脱离布尔什维克以后的前10年,波格丹诺夫不断四处颠沛流离。他作为一名遭到俄国沙皇支持者们追捕的引人注目的人物,因此不得不采用各种各样的假名,直到攻占冬宫②以后才恢复原名。

1924年,波格丹诺夫开始在自己身上进行输血实验,以期永葆青春,或者至少能获得某种长寿。列宁的妹妹乌里扬诺娃(Maria Ulyanova)也是这些实验的志愿试验者,而波格丹诺夫本人在第11次成功输血后,记录下他的视力提高了,而他的脱发情况也缓解了。其他志愿者注意到,波格丹诺夫在输血完成后看起来至少年轻了10岁。1925年,他创办了血液学与输血研究所,继续他成功的事业。不过,输血科学远非增加了他的寿命,而是很快就将它缩短了。因为他在第12次输血后很快就因感染而病倒了,后来才知道这些血液来自一个患

---

① 布尔什维克在俄语中的意思为"多数派",是俄国社会民主工党中的一个派别,其领袖人物是列宁。——译注
② 冬宫位于圣彼得堡宫殿广场,原为俄国沙皇的皇宫,现已改为博物馆。1917年11月7日发生的十月革命建立了人类历史上第二个无产阶级政权——苏维埃政权。根据苏联史料,当晚炮轰冬宫,并发生激烈的武装冲突。而苏联解体之后的研究资料则表明,当晚在冬宫附近并未发生武装冲突。——译注

有肺结核和疟疾的学生。波格丹诺夫在 1928 年 4 月 7 日因血液感染而撒手人寰。具有讽刺意味的是,那位受感染的学生因换到了波格丹诺夫本人的血液,后来却彻底康复了。

飞行出租车

戴克(Michael Dacre)是一个具有远见卓识的人。他理解现代社会,尤其是建筑物林立的市区有哪些需求。因此他在 1998 年发明出一种名叫"喷气豆荚"(Jetpod)的飞行出租车,这种出租车能在非常短的距离内起飞和着陆。他认为 350 英里以上的最高时速对于执行交通运输是最完美的,而当时这种交通运输却依赖于速度较慢、声音嘈杂的直升机。戴克宣称,他的喷气豆荚用不到 4 分钟的时间、仅 50 英镑的花费,就能将乘客们从希思罗机场①送到伦敦市中心。他还怀着极大的热情谈及他的即停即飞概念:"喷气豆荚就是一种有用的日常交通工具,为实现随叫随到、想去哪里就去哪里而出现的一种空中载人出租车。"他接下去还解释说,它们会具有上翼,这样就会降低噪音,而喷气豆荚将会成为任何城市中最廉价、最快速的出行方式。

戴克显然是一位现代航空业先锋,他的发明引起了热情的响应。然而,这项计划可以说并没能流行起来。2009 年 8 月 16 日,这位 53 岁的发明者在太平这个偏远村庄里准备他的第一次试飞,那里距离马来西亚首都吉隆坡 150 英里。一位当地村民当时正在附近的一个小池塘捕虾,他后来向航空当局这样描述他所目击的事件:"我看见它先沿着跑道冲了 3 次,但并没能飞起来。然后在第 4 次滑跑时,它升入空中约 200 米高处,接着又竖直射向天空,随后偏向左侧并栽到地上。"这架飞机炸成一团火球,但是很快出现在现场的消防员们设法扑灭了火焰。可悲的是戴克因撞击致死,杀死他的就是这项他曾希望会改变城市

---

① 希思罗机场位于伦敦市中心以西约 24 千米处。——译注。

交通的发明。

水下交通

亨利（Horace Lawson Hunley）出生在美国田纳西州，在新奥尔良长大。他是个优秀老成的南方男孩。他学习法律，然后成为路易斯安那州议会的一名成员。后来美国内战爆发，于是亨利将注意力转移到武器发明方面，他希望能借此帮助南方邦联军队大获全胜。特别是，他全心研究潜水艇技术，与设计师巴克斯特·沃森（Baxter Watson）、麦克林托克（James R. McClintock）合作，完成了他的第一艘潜艇，称之为"先锋号"。然而，新奥尔良很快就落入敌手，"先锋号"被凿沉以避免被缴获，但它的设计特点被记录了下来。他的第 2 艘潜艇在亚拉巴马州建成，但是在莫比尔湾的首次试航中就沉没了。不过亨利并未因此气馁，他深信自己的发明会为邦联军海员带来重大优势，因此又开始进行第 3 次设计。

这一次，他不得不为这个项目自筹资金，他的手动推进设计在与上次试验的同一地点莫比尔湾进行试验，并取得了成功。随后这艘为了向他表示敬意而命名为"亨利号"的潜水艇在 1863 年被秘密运送到美国查理斯顿港，它在那里被编入现役来保护该镇免受来自海上的攻击。1863 年 10 月 15 日，"亨利号"船长、海军上尉狄克逊（Dixon）外出休假，于是其发明者决定亲自展开一系列的测试。在潜入更深水域的过程中，亨利试图驾驶潜艇从一艘下锚停泊的船下方通过，结果他把船头插进了港口水底深深的淤泥之中。7 位船员被淹死，而亨利本人当时在一个逃生舱口处，然而在得救之前仍窒息而死。最后潜水员们花费了 3 天的时间才进入受损的"亨利号"，并从其中移出了尸体。

能帮别人大忙，却杀死了发明人自己

温斯坦利（Henry Winstanley）出生在英国艾塞克斯郡的萨弗伦沃尔登，是一位猎场看守人的儿子,他的父亲后来在萨福克伯爵(Earl of Suffolk)的宅邸奥德利庄园任职。年轻的温斯坦利也在奥德利庄园工作,先是做守门人,后来查理二世①国王在纽马克特参加赛马打发时间的时候使用这座庄园,于是这处住宅就变成了一个皇宫,这时他做的是秘书工作。温斯坦利还兴趣浓厚地练习版画,在他遍游欧洲的大旅行(1669—1674 年)②期间,又对欧式建筑热衷起来。他回来后,立即花了 10 年时间创作出一套精细的建筑版画作品。这套版画保存至今,成为英国领主庄园设计的重要历史记录。他还设计了一套扑克牌,结果证明这套牌非常受欢迎,销量可观。1679 年,他被任命为奥德利庄园的工程监督,于是整个上流社会都知道了他独具匠心的机械和水力设计,以及他对各种小巧机械装置的酷爱。实际上,他自己位于利特尔伯里的房子里放满了令人着迷的新饰品,于是这所房子就被称为"艾塞克斯郡奇迹之屋",是深受富裕而好奇的旅行者们欢迎的一处旅行地标。

1690 年,温斯坦利在伦敦皮卡迪利大街的喷泉剧院开张后立即就红火了起来,且带来了巨额利润,而温斯坦利将其中的大部分投资在船舶上。当时的英格兰正在成为全球最大的航海国之一,因此拥有大型帆船被认为是那个时代的精明投资。最终,温斯坦利拥有 5 艘大型帆船。不过这些船也并非毫无风险,特别是距离康沃尔郡海岸 14 英里处的一连串礁石会带来频繁的风险,那里已有数百艘商船遇难,夺去了几千条性命。这些船中有两艘是属于温斯坦利自己的,因此在遭受第二次损失后,他就与海军部接洽,大胆创新地计划在这些岩石上直接建造起一座建筑物,并在其顶部竖立起一盏警示灯。他还说服伦敦当局,他就是建造此建筑物的合适人选。

1696 年,温斯坦利的这些计划得到批准,工程于当年 7 月 14 日启动。结果

---

① 查理二世(Charles Ⅱ),英国斯图亚特王朝国王。——译注
② 从前英国贵族子女遍游欧洲大陆,作为其教育的一部分,称为"大旅行"。——译注

证明,他发明了现代灯塔。建造过程也不无挑战,例如地基快打好时,一天早晨有一艘法国私掠船毁灭了这个结构,并绑架了温斯坦利,将他劫持到法国,以此勒索赎金。这段插曲并没有持续多久,因为法国国王路易十四①一听说所发生的一切,就下令释放温斯坦利,并提醒他的臣民们:"我们是在跟英格兰交战,而不是跟人道为敌。"温斯坦利返回后再次开始他的工程,不过到完工的时候,这一木结构建筑物面对第一场狂风所表现出来的抗风性能并没有令这位设计者满意。因此他下令将它拆除,再从头开始。

在做第二次尝试时,温斯坦利建成了一个结实的部分石质的结构,具有精细的欧式设计,还包括一间奢华的舱房和生活设施。温斯坦利自豪地向全世界宣布,他的灯塔能够挺得住自然界中的任何风风雨雨,而他最大的愿望就是"在前所未有的最大风暴期间藏身其中"。在接下去的 5 年中,埃迪斯通礁②没有造成过任何船舶损失,而温斯坦利的发明也在大英帝国的其他许多地点得以仿造。

令人黯然的是,温斯坦利的愿望很快就要成真时,1703 年 12 月 7 日,有记录可查的最剧烈风暴袭击英格兰南部。伦敦有 2000 多根烟囱倒塌,威斯敏斯特大教堂的屋顶被吹掉。当波涛汹涌的海面将温斯坦利与大陆相隔时,他正安全地待在他的灯塔里进行一项测量。于是他整夜蹲在那里,深信他的灯塔会提供遮蔽。第 2 天早晨破晓时分,埃迪斯通灯塔已荡然无存,随之而去的还有温斯坦利本人。

被自己的床勒死

米奇利(Thomas Midgley Jr.)于 1911 年毕业于康奈尔大学③,获得机械工程

① 路易十四(Louis XIV),法国波旁王朝国王,曾发动了三次对荷兰、英国等国的重大战争。——译注
② 埃迪斯通礁位于英国普利茅斯海岸外,是英吉利海峡主要的海难地点之一,温斯坦利的灯塔即建于此。——译注
③ 康奈尔大学是一所位于美国纽约州的私立研究型大学,成立于 1865 年。——译注

学位,然后开始了他的职业生涯,成了俄亥俄州代顿的国家现金出纳机公司的一位设计师。不出一年,他的父亲就将他召回进入家族企业,即米奇利轮胎和橡胶公司。他在那里担任总工程师,生活也稳定下来,不过这只是一段短暂的任期,因为公司很快就倒闭了。因此1916年,米奇利又得以自行其是了。

同一年的晚些时候,他到新近成立的代顿工程实验室公司就职,这是通用汽车公司的一家子公司,其中有深受敬重的工程师凯特林(Charles Kettering)。结果证明他们的合作如此成功,以至于凯特林后来将"米奇"①描述为他最大的发现。正是在这段时间,米奇利出于对实验的热爱而从机械工程师转型成为化学家,并且很快就鉴定出四乙基铅,将这种物质加入汽油之中,就会降低发动机的噪音。他还发现了一种从海水中萃取溴的方法,溴可以避免铅腐蚀发动机部件。米奇利还对天然橡胶及合成橡胶的科学研究作出了巨大贡献,并发现可以利用氟利昂来作为一种无毒、非易燃的制冷剂。日后安装在全世界各地的制冷和空调机组中,氟利昂都起着关键的作用。

米奇利后来成为乙基公司的副总裁和乙基—道氏化学公司的主管。美国化学学会于1941年授予他普里斯特利奖章②,以表彰他在化学领域的成就,如今他被视为有史以来最有创造性的化学家之一。不过,他的工作却让他付出了代价:他用四乙基铅进行的那些实验带来的一个直接后果是1923年他遭受了铅中毒,因此在那一年的大部分时间里,他都在佛罗里达州疗养康复。当时他写道:"我发现我的肺受到了侵袭,因此有必要扔下所有工作,补充大量新鲜空气。"到他荣获普里斯特利奖章之时,他已经感染了一种脊髓灰质炎,这使他的双腿失去了功用。但是他并不准备让这件事遏止他那具有创造性的头脑。这也不会冲淡他的幽默感。在1944年的一场题为"关注青春"的演讲中,米奇利

---

① "米奇"是凯特林对米奇利的昵称。——译注
② 美国化学学会是美国化学领域的专业组织,成立于1876年。普里斯特利奖章是美国化学学会授予的最高奖章,1922年开始设立,以氧的发现者普里斯特利(Joseph Priestley)的名字命名。——译注

指出大多数伟大发明都是由 20—40 岁之间的科学家作出的。他自己的两项大发现分别是在 33 岁和 40 岁的时候得到的。随即,米奇利力劝像他自己那样的年长科学家们让出位子来,从而允许他们的年轻门生们发展,并实现他们的潜能。

最后他用一首令听众激奋的短诗结束了他的演讲:

当我感觉暮年将至,

我的呼吸日渐短促,

我的双眼日渐昏暗,

我的头发日渐花白。

当我在夜间外出漫步,

我没有了旧日的雄心。

尽管当我离去后

或许还有许多比我年长的人留在世间,

但我不会仅仅因为我的去世

而有所遗憾。

将这篇墓志铭

以简朴的风格铭刻在我的坟墓上:

此人在极其短暂的一生之中,

有过丰富多彩的生活。

这仿佛是一种预示,仅仅一个月后,有人发现年仅 55 岁的米奇利躺在床上,被一套滑轮绳索机械装置勒死,而这套装置原本是他发明出来帮助自己向上拉起身体的。

发明现代印刷报纸的人

布洛克(William Bullock)出生在纽约州的格林维尔。他出生后不久就成了孤儿，随后由他哥哥抚养长大。年仅 8 岁时，他哥哥便送他去做学徒，并安排他到一家铸铁厂工作，充当机械工。在接下去大约 10 年多的时间里，他钟爱书籍、沉迷机械，这些导致他在年仅 21 岁时就在佐治亚州的萨凡纳经营自己的机修车间了。在此期间，他发明了一种切割墙面板的机器，但是没能为它找到市场，因此破产了。不过，在他娶了佐治亚州的金布尔（Angeline Kimble）以后，他的个人生活就变得比较成功了，他的妻子接连为他生了 7 个孩子。1850 年安吉莉娜去世后，他又娶了她的妹妹埃米莉（Emily），而埃米莉又生育出 6 张嗷嗷待哺的嘴。

在与两任妻子相处的这段时间里，布洛克的工作丰饶多产，他成功发明了棉花压捆机和干草压捆机、一种播种机、一种车床和一套假腿。1849 年，他的谷物条播机为他赢得了富兰克林学会的一个奖项，而他也日渐声名远扬。19 世纪 50 年代初，他在费城的报纸"联盟的旗帜"中担任编辑职位。1853 年，他开始将注意力转投到印刷机方面，并建造出一台手摇的自动送纸式木制印刷机，并很快意识到这是对当时手动送纸式印刷机的一大改进。

1863 年，布洛克为他的新型印刷机申请并获得了一项专利。当时，他将此描述为"我对移动型或者说铅铸版印刷进行改良而得到的印刷机，属于将纸张以连续的卷筒或卷轴方式供给的那类动力印刷机，通过这种方式从卷筒送入纸张，进行双面印刷，再从机器中传递出来时已经'印好'了。不过，在我的机器里只有一个传递装置，这样制造起来简单，并且其运行速度与这台机器能达到的运转速度及纸张印刷速度一样快。因此我的发明成功克服了印刷机快速运转所造成的那些重大障碍。"所有这一切意味着，他发现了一种将纸张送入印刷机的方法，即从一个大型卷筒传入，并进行双面印刷，然后在纸张从另一端出来时再裁切成页。直到那时，印刷业所采用的技术还是人们用手将纸一页页地送入印刷机。因此，相比之下这是一次相当大的进步。

这种印刷机是自动调整的，并且机器自动折叠纸页，随后再精确切割。布洛克的印刷机每小时能够印出多达12 000页,而后来的几种经修改的机型将这个数字又提高到每小时30 000页。当时有些报纸吹嘘说有100 000份的日发行量,对于这样一个正在快速发展的产业而言,这是一个巨大的优势。到1866年美国内战(1861—1865年)结束时,布洛克在日报业遥遥领先,而他的印刷机一生产出来,就被安装使用,或被仿制。

不幸的是,布洛克没能活到收获更大的回报。1867年4月3日,他的公司在《费城公簿》(*Philadelphia Public Ledger*)报社安装了一台新印刷机。在装配过程中,布洛克蹲伏在机器下方,想把一条传动皮带踢回皮带轮上去。结果他没踢中,一条腿反被卷入传送带而被压碎。几天后,他患上了坏疽,并在1867年4月12日那一天接受截肢时死在手术台上。布洛克的发明创造过了很长时间才得到正式承认,不过在1964年,他最终被尊为费城的天才之一,并为他竖起了一座青铜纪念碑,上面写着:"他于1863年发明的轮转式卷筒印刷机使现代报纸成为可能。"

第一个真正飞行的人

人类对于飞行的执迷很可能从他/她一旦能够直立行走就开始了。尽管没有证据表明史前人类曾为了看看会发生什么而跳下悬崖,不过可以有把握地假设,其中有一两个人必定那么干过。古希腊人有一个关于伊卡洛斯(Icarus)及其父亲代达罗斯(Daedalus)的故事(如果你在学校时专心听讲的话,应该记得这个故事)。代达罗斯是一位手工艺大师,他用木头、鸟羽和蜜蜡制成翅膀,雄伟地飞过天空。根据传说,伊卡洛斯飞得太靠近太阳,于是蜜蜡被熔化,羽毛脱落,因此骤然跌落殒命。另一方面,他的父亲没有那么冒险行事,飞得比较低并且安全着陆。显然,这一切都发生在公元前1400年前后,而由于这样或那样的原因,我们不应把它太当真。不过存在着一些洞穴壁画,考古学家们确定其年代可上溯到公元前2500年,其中描画出一些带有羽翼的人,所以谁又知道呢?

还有 16 世纪费边（Robert Fabyan）的《编年史》（*Chronicle*）中讲述了布立吞人①的国王布拉杜德（Bladud）的故事。他做了一副翅膀，并企图从位于现在伦敦的阿波罗神庙顶部飞下来，结果摔断了脖子。同样，我们也无法确信，不过我们确实知道他是精神失常的，因为他不仅相信他能与死者交流，还相信在猪圈的污泥里打滚能治愈麻风病。还有另一个比较可靠的故事讲述的是一个装上翅膀的演员，他在公元 60 年从悬崖顶端笔直飞向地面，试图以此来取悦罗马皇帝尼禄。马可·波罗②于公元 1295 年从中国返回时带回一些与此相似的故事，结果毫无二致。

不过看来这并没有阻止再有人去做尝试。无疑也没有阻止将成长时期都用于研究鸟类飞行的普鲁士兄弟奥托·利林塔尔（Otto Lilienthal）和古斯塔夫·利林塔尔（Gustav Lilienthal）绑上翅膀从各种物体上跳下来。不过，他们很明智地从库棚屋顶上开始试验，以确保不会太高。1867 年，这时的奥托已成为一位专业工程师，他的几种采矿设计获得了专利，并创建了自己的公司，专门制造蒸汽机和锅炉。不过他对于鸟类和飞行的执迷显然还在持续，因为他在 1889 年出版了如今已经很著名的《以鸟类飞行作为航空基础》（*Bird Flight as the Basis of Aviation*）一书。到那个时候，这位 41 岁的发明家已实现了超过 1000 次飞行，而到 1891 年，他利用类似于现代悬挂式滑翔机的翅膀定期飞向空中。他甚至还在柏林附近造起一座 200 英尺高的他自己的山丘，这样就可以在他选择的任何时间、朝任何方向飞行，从而取得了长达 250 米的飞行距离。那时，他的著作、画像，甚至他飞行中的照片已广为流传，影响了世界上同时代的许多设计

---

① 布立吞人是古代凯尔特人（公元前 2000 年生活在中欧地区一些有共同的文化和语言特质的民族的统称）的一个分支，存在于英国的铁器时代直至罗马时期和后罗马时期。——译注

② 马可·波罗（Marco Polo），意大利商人、旅行家及探险家。他本人说曾随父亲和叔叔通过丝绸之路到达中国，并担任元朝官员。回到威尼斯后，他在一次海战中被俘，在监狱里口述其旅行经历，他的狱友、意大利作家鲁斯蒂谦（Rustichello）据此写成《马可·波罗游记》（*The Travels of Marco Polo*），从而使欧洲人得以了解中亚和中国。——译注

师。在美国,莱特兄弟①密切研究了奥托的著作和进展。他被普遍认为是完成当时所谓"人类飞行"的第一人。

令人惊异的版画和照片开始出现在全世界各地的报刊上,人们看到一个长着翅膀的人在空中飞行都感到惊叹不已。没有人以前看到过任何类似的景象。甚至直到 1895 年,第一位在英国上议院占据一席之地的科学家开尔文勋爵还宣称"比空气重的飞行机器是不可能实现的"。翌年,还有人援引开尔文的话:"除了乘气球飞行外,我绝对不相信航空术。成不成为航空学会的成员,我不在乎。"请注意,正如前文提到过的,开尔文还曾预言无线电"没有未来"。即使如此,在那个时候大家还是普遍认为他是正确的,因为直到那时为止,即使不是所有,也有大部分航空业先驱已在尝试过程中丧生(参见"降落伞"一节)。然而,奥托的照片令全世界的报摊熠熠生辉,这显然是在公然挑战科学推理。

这种情况持续到 1896 年 8 月 9 日,那天他的滑翔机突然坠落,而这位飞行员则撞入地下 15 米深处。他被火速送往柏林的医院,第二天在那里不治身亡。他死于自己的发明这件事被广泛认为是比空气重的飞行或人类飞行在前进过程中的一次重大挫折,不过这并没有阻止人们继续尝试。仅仅在 7 年后莱特兄弟就表明了这一点。奥托对他弟弟古斯塔夫所说的最后遗言是:"牺牲是必须的。"

---

① 莱特兄弟(Wright brothers)是指美国航空先驱、亲兄弟奥维尔·莱特(Orville Wright)和威尔伯·莱特(Wilbur Wright)。1903 年莱特兄弟驾驶自行研制的固定翼飞机实现了人类史上首次重于空气的航空器持续且受控的动力飞行,因此被誉为现代飞机的发明者。——译注

食

物

土豆

不要为金银发愁，卑微的马铃薯价值更高。

16 世纪初，雄心勃勃的年轻西班牙皇帝决定派出一支探险队，在科尔特斯①的带领下横渡大西洋。他们在 1520 年摧毁了阿兹特克②，为他们的皇家幕后老板们发现了不可想象的巨大财富，如金银珠宝等。接踵而来的成功改变了西班牙君主国的命运，并逆转了欧洲的权力平衡。随着消息扩散开去，更多年轻的西班牙征服者得到资助并受到鼓励，扬帆起航去南美看看他们能为自己发现点什么。

1532 年，冈萨雷斯③登陆秘鲁，俘获了印加国王。随后，他们开出了"填满一房间黄金"的条件，以换取他的释放。到这时西班牙金库已经满溢，而像荷兰这样的其他欧洲国家也热衷于效仿。不过说到建立帝国伟业，英法两国却输在起跑线上了，这是因为这两个国家陷入不断的相互交战之中。相反，其他欧洲帝国之间的权力平衡则转换频仍，因为全世界各地都在作出新发现、爆发新战争。金和银看来是欧洲未来的关键要素，不过实际情况却是，在几个世纪后改变整个世界人口统计数据的，是几乎被冈萨雷斯的探险队漏掉的一项发现——卑微的土豆。

在冈萨雷斯的航行之前，地中海地区大多数人的主食由小麦面粉、面包和豆类组成，尽管北欧人习惯食用诸如芜菁之类的根类蔬菜，但是食用从地下挖

---

① 科尔特斯(Hernán Cortés)，殖民时代活跃在中南美洲的西班牙殖民者，以摧毁阿兹特克古文明，并在墨西哥建立西班牙殖民地而闻名。——译注
② 阿兹特克是一个存在于 14 世纪至 16 世纪的墨西哥古文明，是欧洲人到来之前美洲最发达的文明之一。——译注
③ 冈萨雷斯(Francisco Pizarro González)，西班牙早期殖民者，开启了西班牙征服南美洲(特别是秘鲁)的时代，并建立了现代秘鲁首都利马。——译注

出来的东西令当时的大多数西班牙冒险家们感到恶心。不过,冈萨雷斯发现,印加人及其先祖们的主要能量来源是块茎,这些块茎可以被冷冻并贮藏在地下储藏室内长时间不变质。当时所谓的"丘诺"①很快就成为在秘鲁各地为西班牙政府供应巨额财富的金银矿工们的主食。返航的海员们也在它们的船舶上装载"丘诺"以补充他们自己的食物供给。根据记载,1534 年,多余的存货被移植在西班牙土地上。欧洲土豆的第一份书面记录可追查到一张收据,上面标注的日期是 1567 年 11 月 28 日,内容是从大加那利岛的拉斯帕尔马斯运往安特卫普②的一批货物。与此同时,西班牙渔民每当登上爱尔兰西海岸晾干他们的捕捞收获时,就将这种植物引入那里。

另有记载说,受到沃尔特·雷利爵士③资助的哈里奥特(参见"望远镜——以及他们为何嘲笑伽利略"一节)1586 年从美洲返回时,为英格兰带回了土豆,尽管有许多人声称,是德雷克爵士④高调地将它们呈献给了女王伊丽莎白一世。不管是哪种情况,土豆真正传播开是通过西班牙帝国,是它为其遍布欧洲各地的军队种植土豆,而沿途的农民们也就接受了这种农作物作为谷物的一种替补,因为建在地面以上的粮仓经常遭到劫掠,导致他们无粮可吃。

欧洲人对土豆的依赖开始较为缓慢,因为很多人认为它们是有毒的。不过到了 18 世纪中期,德法两国政府都鼓励农民收获土豆,为他们正在增长的人口提供一种廉价而可靠的食物来源,他们自己的军队就更不用说了。法国国王路易十六(Louis XVI)积极提倡种植这种新型农作物,到他被砍掉脑袋的时候,法

---

① "丘诺"是一种干土豆。——译注
② 大加那利岛是大西洋中的加那利群岛中的第三大岛屿,属于西班牙。拉斯帕尔马斯是大加那利岛上的一个城市。安特卫普是比利时第二大城市,位于比利时北部。——译注
③ 雷利爵士(Sir Walter Raleigh),英国冒险家、作家、诗人、军人、政治家,以及艺术、文化、科学研究的保护者。——译注
④ 德雷克爵士(Sir Francis Drake),英国著名的私掠船长、探险家和航海家,据知他是第二位在麦哲伦之后完成环球航海的探险家。——译注

国的土豆年收成正在猛增。到这时,土豆已成为北欧大部分地区的主食。也就在此时启动了这种简单的蔬菜改变全球人口迁徙的进程。

到 19 世纪中期,对于普通欧洲人民而言,卑微的马铃薯比西班牙征服者们从美洲运回来的所有金银都更有价值,并且据记载是支撑工业革命的食物来源。在爱尔兰,所有农田中的 1/3 被专门用于种植这种为人口激增提供能量的农作物。最贫穷的农民依靠小小一次的土豆收成和区区一头牛的奶,就够全家一年的口粮。不过当 1845 年这种农作物歉收时,其结果导致的饥荒夺去了 100 多万人的生命。那场爱尔兰大饥荒(1845—1849 年)导致剩下的人口中有半数迁移。他们迁往英格兰,在正在发展中的铁路网上找到了当劳工的工作。而更重要的是,他们还迁往美国,这个相对较新的国家当时正急切需要劳动力。

规模相近的土豆歉收遍及整个欧洲,再加上同时发生的宗教迫害,这预示着 19 世纪后半叶向美国大规模移民的开始,而这对于这个国家成为经济重地起到了至关重要的作用。卑微的土豆有功于美国的发展,这一说法也许根本不算夸大其词。

你能错得多离谱?

"美国人也许擅长制造花哨的轿车和冰箱,不过这并不意味着他们在制造飞机方面有任何长处。他们是在虚张声势。他们在虚张声势方面倒是很出色。"纳粹德国空军司令戈林①在 1942 年这样说道。

---

① 戈林(Hermann Göring),纳粹德国空军元帅,后晋升为纳粹德国帝国元帅,仅次于希特勒的纳粹二号人物。在纽伦堡审判中,戈林被控以战争罪和反人类罪,并被处以绞刑,但他在刑前两小时在狱中自杀。——译注

辣酱油:谁是李先生和佩林斯先生?

19 世纪 30 年代间,伍斯特市①一家由药剂师李先生(Mr Lea)和佩林斯先生(Mr Perrins)经营的药房底下的地窖里,静置着一桶香醋——这是根据一种古老的印度调制法为一位顾客特制的。这位顾客是一位英国将军,他从英属印度②服役归来。但是这桶香醋被认为不能食用,因此这位老兵也就从未费心来取。相反,数年来它一直被静置在那里,直到有一天清理地窖时,这两位药剂师正要把这个桶扔掉,但幸好决定先尝一下里面装的东西。令他们大为惊异的是,他们发现里面的混合物恰到好处地酿造成熟了,于是伍斯特郡酱汁(辣酱油)③就此诞生。

你确实不得不感到奇怪,竟然会有人敢于品尝他们早先认为难以下咽的东西,何况是留在地窖里好多年以后的东西。这使我想起了伟大的自然发现之一:牛奶。早期的男人或者女人究竟是怎么得知可以用手给奶牛挤奶的呢?而当他们发现这一点的时候,他们觉得自己是在干什么呢?然后第一个品尝的又是谁呢?

这种辣酱油的确切配方小心翼翼地被保守着,不过我们知道其中包括酱油和凤尾鱼,这就是为什么这种混合物在经过多年以后开始发酵并口味好转的原因。因此辣酱油就是罗马鱼酱④的一种现代的、更加美味可口的形式。1838年,第一批带有标志性标签的瓶装"李和佩林斯,伍斯特郡酱汁"投放市场,随后

---

① 伍斯特市是位于英格兰西部的伍斯特郡的一个城市。——译注
② 英属印度是指英国在 1858—1947 年间于印度次大陆(南亚)建立的殖民统治区域,包括今印度共和国、孟加拉国、巴基斯坦及缅甸。——译注
③ 由于这种伍斯特郡酱汁味道酸甜微辣、色泽黑褐,因此中文翻译成辣酱油,广东一带也称为喼汁、乌酢、辣醋酱油、英国黑醋等。——译注
④ 鱼酱是一种用小鱼的肠脏内的细菌引起的发酵而制成的调味料,在古希腊、古罗马及拜占庭帝国等地中海沿岸地区的饮食中均有出现。——译注

李先生和佩林斯先生靠他们这种味道与众不同的调味品发财致富。这种酱汁到今天仍然在世界各地广受欢迎,特别是在中国和日本,被称道的原因是其提升鲜味——第 5 种基本味觉,并被当作他们的料理的基味。

谁在菜单上？（各种烹饪发明）

钻石吉姆的烹饪间谍

马尔格里（Nicolás Marguery）是烹饪界的传奇。他的马尔格里小馆是 19 世纪巴黎最受欢迎的餐馆之一，法国上流社会的显要人物们时常挤满他的餐厅。事实上，他们现在仍然如此，仍在享受着那约 150 年前至今几乎未曾发生过变化的氛围，当时这位大厨正在厨房里忙碌着一道又一道美味佳肴。

马尔格里的烹饪，尤其是他的"马尔格里独家菜"——菜肴浸泡在一种用白葡萄酒和鱼类高汤做成、掺入蛋黄和黄油的酱汁中——更是蜚声欧美。当时法国料理占据着世界首席，而法国大厨们都小心翼翼地保守着他们的招牌菜配方。"马尔格里独家菜"就是这样的一道菜肴，关于它如何从法国移植到美国的故事十分引人入胜，充满了诡计、胆量和一定程度的承诺，令人难以想象。

随着那些将汉堡包和热狗引入纽约的移民在美国各地定居下来，经济也随之蓬勃发展，这主要得益于正在扩展的铁路网。曼宁、马克斯韦尔及穆尔铁路公司的销售员吉姆·布雷迪（Jim Brady）也是其中的弄潮儿。他取得了极大的成功，他在美国各地和全世界推销铁轨所得的金额如此巨大，足够让他开始投资钻石和其他一些宝石，由此为他自己赢得了钻石吉姆的绰号。

作为一个带有传奇色彩的人物，吉姆还有着惊人的胃口。有传言说，他要消耗掉 1 加仑①橙汁，还有牛排、土豆、面包、煎饼、松饼、鸡蛋和猪排——这仅仅是早餐。上午点心可能会有 3 打生蚝和蛤蜊，随后的午餐再来 3 打生蚝、3 只填馅螃蟹、4 只龙虾、一大块带骨牛肉和一份色拉。下午，吉姆会在小睡之前吃一

---

① 1 美制加仑≈3.79 升。——译注

份海鲜小食并喝下 6 瓶汽水,然后晚餐是 36 只生蚝、6 只龙虾、两碗绿甲海龟汤、牛排、蔬菜和一份油酥糕点拼盘。不过到这里还没有结束:在循例去往剧院并在那里吃过两磅糖渍水果以后,吉姆会用半打猎禽和两大杯啤酒作为夜宵,来结束他的一天。

这就是钻石吉姆每一天的进食量。吉姆的朋友、餐馆老板查尔斯·雷克托(Charles Rector)拥有纽约百老汇大街上的雷克托饭店,他每天要从巴尔的摩①运来好几桶特大生蚝,只是为了吉姆。因此查尔斯·雷克托有一次将这位铁路巨头列为"我接待过的 25 位最佳顾客"也就不足为奇了。

一天下午,在与朋友们进行一场马拉松式的餐会过程中,钻石吉姆开始给这群人讲述他在最近一次前往巴黎的公务旅行中,在马尔格里小馆享用的那道精致的"马尔格里独家菜"。他无法向查尔斯·雷克托解释这道菜的配方,于是他戏弄他的这位朋友,说他也许得找到另一家能吃到"马尔格里独家菜"的餐馆才行。查尔斯·雷克托当场下定决心,要做在纽约端上这道菜品的第一人,并开始着手获取其配方,不管使用什么正当的手段,或是不择手段。因此他把自己的儿子乔治·雷克托(George Rector)从康奈尔大学召回,派他前往巴黎获取这些秘密配料的清单。这位年轻人到达巴黎,充分认识到他不可能以一个完全陌生人的身份走进这家餐厅而得到配方,因此他申请了一份洗盘子的工作,看看他能从厨房员工那里学到些什么。他很快就明白,从厨师们那里是不会发现任何东西的,他们都小心翼翼地保守着他们的配方,绝不让厨房里所有做粗活的下人接触到,于是乔治·雷克托又申请了一份厨师学徒的工作。

他花了两年时间辛勤工作,达到了足够高的级别,于是才有人向他解释传

---

① 巴尔的摩是美国马里兰州最大的城市,位于美国东海岸,是美国最大的独立城市和主要海港之一。——译注

奇的马尔格里酱汁配方。刚解释完,他就立即辞职,并登上了第一艘返回纽约的轮船。据说当船靠岸时,他的父亲和钻石吉姆都在码头边等着他,这时乔治·雷克托从甲板上向他们大喊:"我得到了!"这位年轻的大厨被直接送进厨房去准备"马尔格里独家菜"。据传说,钻石吉姆再次品尝到这道菜后宣称:"如果你把这种酱汁倒在土耳其浴巾上,我相信我能把它全都吃下去!"亲爱的读者,这就是"钻石吉姆的马尔格里独家菜"这道名菜的发明故事。

1910 年,钻石吉姆在睡梦中去世,直到那时医生们才发现他有着一个异常巨大的胃,大小几乎是普通人的 6 倍。乔治·雷克托转而接管他父亲的餐馆生意。他还撰写食谱书、为报纸撰写烹饪专栏,并主持一档名为"与乔治·雷克托一起用餐"(*Dine with George Rector*)的广播节目。据说在其余生中,他真的是一上餐桌就要讲述自己是如何为美国获取了马尔格里酱汁的那个故事。

是一位老牌手发明了三明治吗?

难以置信,三明治(Sandwich)甚至算不上是一个正规的词语。不过它确实是一个专有名字。三明治村的最早记录是在公元 642 年,是英国肯特郡的一处风景如画的历史名胜。它的名字是从两个古英语单词 *sand* 和 *wic* 演化而来的,意思是"沙村"或"沙子上的镇"。这个现在距离海岸 2 英里的地方,曾经是一个繁荣的海港——1255 年,第一头被捕获的大象在作为礼物呈交给亨利三世①之前,就是在这里登陆的。这里也是国王查理二世的海军舰队基地,其指挥官是爱德华·蒙塔古爵士(Sir Edward Montague)。1660 年,这位国王为表示感激,授予蒙塔古伯爵爵位,后者思忖着要用他的新头衔去为哪一个大港口增添荣誉。布里斯托尔是一个选择,而朴次茅斯则是另一个,不过这位海军指挥官最终满足于接受了三明治,因此他的世袭爵位就成了三明治伯爵。

① 亨利三世(Henry Ⅲ),英格兰国王,1216—1272 年在位。——译注

　　迄今为止已有过 11 位这样的伯爵,不过其中最著名的就是发明了西方世界打包午餐的那位,位列第四。约翰·蒙塔古(John Montague)如同他的曾祖父一样,也是第一海军大臣[①],而与他曾祖父不同的是,他既腐败堕落又不学无术。美国独立战争(1775—1783 年)期间,当海军受到召集投入战斗时,海军正处于一种完全混乱无序的状态。许多人将英国军队的最终挫败归咎于他。而这也不足为奇,因为这位伯爵对他工作以外的生活兴趣要大得多,尤其是赌博。事实上,正是这一点导致了与他永远联系在一起的那个伟大烹饪传奇。据那个著名的故事所说,在 1762 年,他与几位朋友玩牌直至凌晨。三明治伯爵喝醉了酒,又接连赢牌,因此他决定吃些东西。于是他命令侍者们给他拿一些肉来,不过要"夹在两片面包之间"。这是为了避免他的手指沾上油腻而给牌留下记号,进而帮助他的对手们推断出他的出牌模式。这种策略行之有效,因此这种点心很快就在英格兰的各大赌桌和赌场里流行开来,而"三明治"也很快成为英国人

① 第一海军大臣在 1809 年前是英国海军本部最高领导,由海军军官兼任。1809 年后该职位由文官担任,另设第一海务大臣为职业海军军官最高职位,受海军大臣制约。1928 年开始,第一海务大臣成为海军本部最高级军官。1964 年英国海军本部并入国防部后,第一海务大臣仍被保留,而原海军大臣则被取消。——译注

生活方式的一部分。

这对于三明治伯爵的名声于事无补，因为他还是声名狼藉的地狱火俱乐部成员，这是由一群绅士组建的社团，以嘲弄有组织的宗教。没有人知道在他们的集会上干了些什么——成员们不谈论这些——不过流言中称充斥着纵欲和撒旦仪式。风闻就是在一次这样的集会上，他成为历史上最大笑话之一的受害者。据说三明治伯爵曾经辱骂过富特①："先生，我不知道你会死于绞刑还是梅毒。"富特对此反唇相讥："阁下，这个要取决于我拥抱的是您的原则还是您的情妇。"这个故事很快就被三明治伯爵的许多敌人们传遍了伦敦。

到1792年三明治伯爵去世时，他已成为英格兰最不受欢迎的人。甚至连朋友们都建议他的墓碑应该写上："很少有人拥有如此多的办公室，却取得如此少的成就。"不过三明治并不是他为历史留下的唯一遗产。作为第一海军大臣，三明治伯爵是库克船长②1778年去往新世界之航的资助者之一。1月14日，库

◖你能错得多离谱?◗

1969年10月，撒切尔③宣布："要等多年以后，才会有女性成为英国首相，而且这不会发生在我的时代。"1979年，她证明了她自己的政治判断力脱离了实际，而且这也不是最后一次。

---

① 富特(Samuel Foote)，英国剧作家、演员，主要从事喜剧写作和表演。——译注
② 库克(James Cook)，英国皇家海军军官、航海家、探险家和制图师，人称"库克船长"，三度奉命出海前往太平洋，成为首批登陆澳大利亚东岸和夏威夷群岛的欧洲人，也创下首次有欧洲船只环绕新西兰航行的纪录。1779年第三次探索太平洋期间，与夏威夷岛上的岛民发生打斗，他在这一事件中遇害身亡。——译注
③ 撒切尔(Margaret Thatcher)，一般称撒切尔夫人，英国右翼政治家，第49任英国首相，1979—1990年在任，是英国的第一位女首相。——译注

克成为到达夏威夷群岛的第一个欧洲人,他起初把它们称为三明治群岛,以此向他的恩人致敬。尽管这些岛屿在一个世纪以后改变了它们的名字,不过南三明治群岛①(South Sandwich Islands)和三明治海峡(Sandwich Straits)直至今天仍然带着这位老赌徒及三明治发明者的名字。更不待说由它引申而来的表述方式,例如我们现在会说自己被"三明治"在两个物体或者两次商务约会之间。我只是庆幸第一位伯爵选择了三明治作为他的头衔。我不确定我会喜欢奶酪酸辣酱布里斯托尔或是腌牛肉西红柿朴次茅斯,你呢?

创造玛格丽塔

玛格丽塔(Margherita)大概是世界上最著名的那不勒斯比萨,制作时面饼上所铺的馅料是西红柿、马苏里拉奶酪、罗勒和橄榄油。它将一位意大利王后和她的国家中最贫穷的城市联系在一起。萨沃伊的玛格丽塔·玛丽亚·特雷莎·乔凡娜(Margherita Maria Theresa Giovanna of Savoy)1851年11月20日出生在意大利都灵,她的父亲是热那亚公爵费迪南(Ferdinand, Duke of Genoa),她的母亲是萨克森的伊丽莎白(Elizabeth of Saxony)。有着这样一个显赫的家庭背景,玛格丽塔的未来早早被规划好也就不足为奇了。1868年4月21日,年仅16岁的她嫁给了意大利王位继承人翁贝托(Umberto)。1878年翁贝托继位成为意大利的第二任国王,于是玛格丽塔就成了王后,当时的意大利还是一个刚统一不久的国家。在此之前,意大利处于支离破碎的状态,由各个公国和王国构成。这位新王后对于艺术的热心赞助,以及对于红十字会这一类组织公开的支持,为她赢得了这个年轻国家对她的尊敬。

事实上,她得到了如此深切的热爱,以至于非洲第三高山就是以她的名字

---

① 通常译为"南桑威奇群岛",位于大西洋南端。——译注

命名的,称为玛格丽塔峰(Margherita Peak,你也可以翻译成"雏菊山",因为那就是这个名字在意大利语中的意思),人们还用一种烹饪方式来缅怀她。正是这位广受欢迎的王后1889年对那不勒斯的一次访问,激发彼得罗比萨店的老板埃斯波西托(Raffaele Esposito)准备了一道特别的膳食来向她致敬。埃斯波西托采用新国旗的颜色——绿、白、红——将奶酪(白)、西红柿(红)和罗勒(绿)混合在一起,创造出日后世界上销量最大的比萨之一,并且这种组合也是大部分其他比萨的基本配料。他按照他的王后的名字,将这种比萨称为"玛格丽塔"比萨(也可以说是"雏菊"比萨,不过这听起来不怎么令人开胃)。我们都在某时某刻享用过这一烹饪发明。

来自千岛群岛的经典发明

名字富有异域风情的千岛群岛①是位于美国和加拿大边境上的圣劳伦斯河中的一簇岛屿(事实上有1793个岛屿)。每年7、8月间,当纽约变成湿热的烤箱时,城市居民们依照惯例逃避到岛屿上,而那些岛上有许多房屋都属于这些度假者。大约在20世纪初,著名的千岛群岛渔民拉隆德(George Lalonde Jr.)在教卓越的纽约女演员欧文(May Irwin)钓鱼。一天傍晚钓鱼之旅归来,拉隆德的妻子准备了一道她的"海滨晚餐":欧文对她的色拉调料印象尤其深刻,其制备方法是用蛋黄酱和调味番茄酱混合完全剁碎的绿橄榄、腌黄瓜、洋葱与完全煮熟的水煮蛋。尽管这种调料如此令人印象深刻,但它实质上就是有什么用什么而调制成的。

当时在那些岛屿上,几乎无法得到新鲜食材,因此菜肴都不得不利用储藏柜里的基本配料来准备。欧文索要到配方后,立即将它转交给她的朋友及同

---

① 这里的"千岛群岛"不是俄罗斯鄂霍次克海与太平洋交界处的千岛群岛。——译注

事——同在千岛群岛度假的博尔特（George C. Boldt）。博尔特是纽约华尔道夫酒店①的老板，他对于这种酱汁也同样深为折服，于是请他的酒店经理奇尔基（Oscar Tschirky）再精制后推销给饭店的用餐者们。如今，千岛酱已经国际知名，它本身也成了一种储藏柜里的基本配料，在全世界各地的超级市场中以罐装出售。这是纯粹来自千岛群岛一位渔民妻子的发明。

早餐谷物食品的发明者们

你早餐桌上的那一包包颜色鲜亮的谷物食品，里面富含巧克力和糖分，包装上印着卡通小矮人和咧嘴大笑的老虎，它们事实上是 19 世纪在美洲爆发的一场奇异而持久的较量留下的似乎不太可能的最后残迹，当时的交战各方——素食者、水疗法②信徒和基督复临安息日会③成员，按理也不会彼此成为对手。

这都是由于对调节身体机能有一种日益增长的执念而驱动的。当时，大多数美国人食用一种英式的、经过烹饪的早餐。这种早餐极为丰盛，包含大量的猪肉和其他肉类，而纤维素含量极低。其结果是，许多人因此遭受便秘和其他胃部紊乱之苦。

不过在 19 世纪，做任何事情都不会是马马虎虎的。在健康食物这场革命中出现的第一位倡导者是西尔维斯特·格雷厄姆教士（Reverend Sylvester Gra-

① 华尔道夫—阿斯托里亚酒店是位于纽约曼哈顿的 42 层豪华酒店，是各国政要访问纽约时主要下榻的酒店。酒店在纽约火车站大中央车站有自己的月台，美国驻联合国大使官邸就在华尔道夫酒店的顶层。此酒店原为希尔顿全球酒店集团拥有，2015 年中国安邦保险集团购买后仍委托希尔顿集团经营管理。——译注
② 水疗法是利用不同温度、压力和溶质含量的水，以不同方式作用于人体，以达到防病治病的目的，在 18—19 世纪的欧美国家广为流行。——译注
③ 基督复临安息日会是基督教的一个福音教派，成立于 1863 年，遵守《圣经·创世记》中上帝所设立的每一周第七天（即星期六）为安息日。——译注

ham）。作为一位没有受过任何医疗训练的素食者，他认定全麦面粉就是解决之道，而他盈利颇丰的格雷厄姆面包和格雷厄姆咸饼干就是他努力的结果。素食主义和戒酒在一段时间内广受追捧，吃肉被宣称为不健康，更不用说吃肉会激发情欲，而情欲同样也遭到否定。咖啡和茶则都被判定为毒药。没过多久，格雷厄姆的支持者们就宣称，他们在搜寻基于谷物和麦片的"有益健康"的替代食品，是为了大家的共同利益。其中有些人无疑意识到这种做法会有助于他们在这一过程中赚到大笔钱财。

1858 年，詹姆斯·杰克逊医生（Dr. James Jackson）接管了纽约的一所经营不善的水疗度假村，并将它改名为"我们的家养生研究所"。病人们要服从一种惩罚式的养生法，包括沐浴及一些令人讨厌的疗程，并且遵照严格的规定饮食，基本上就是各种谷物，跟家畜的喂食方式差不多。1863 年，杰克逊创造出第一种早餐谷物食品，他称之为"谷粒"，不过这几乎称不上是速食食品。甚至必须将它在牛奶里浸泡过夜后，才有可能咀嚼这些像石头一样硬的碎屑。即使如此，"谷粒"还是变得十分畅销，为杰克逊赢得了开发过程中投入的 10 倍现金。

与此同时，在密歇根州巴特尔克里克，基督复临安息日会教友们在经营着一家名为"巴特尔克里克疗养院"的健康研究所，那里正在引入最新的饮食改革。不过直到哈维·凯洛格（Harvey Kellogg）当上负责人，那才真正开始风行起来。凯洛格医生是被精挑细选出来担任这项工作的，因为他的医学培训和精神修炼的每一个阶段都受到了基督复临安息日会教友的督导。他在受训期间住在一间寄宿房中，里面不可能进行烹饪，并且受限于其宗教信仰所规定的素食。这位饥饿的年轻人有此经历，认识到人们对不需要配制的、预先烹饪好的早餐谷物食品的需求。1880 年，他针对这一挑战想出了一种用小麦、燕麦和粗玉米粉混合后烤制的小薄片，他肆无忌惮地把它称为"谷麦"，结果取得了巨大的成功，以至于这一发明可归入到一夜成功之列。

这里已经有超过50种外国轿车在出售,因此日本汽车工业不太可能从美国市场瓜分到较大份额。

《美国商业周刊》(*Business Week USA*),

1968 年 8 月 2 日

几年以后的 1893 年,丹佛市一位名叫派基(Henry D. Perky)的律师发明出一种全然不同的产品来治疗他的消化不良,他称之为"麦丝卷"。他将小麦蒸透直至彻底软化,然后在两个槽纹辊轮之间挤压成丝缕状,再将它们压制在一起并切割成小片,派基将它们称为"我的全麦小床垫"。不幸的是,这种加工过程并没有奏效,因为这些微潮的小麦小片很快就变得松碎。后来凯洛格前去探访这位理想破灭的发明家,并向派基出价 100 000 美元购买他制造谷物小片所取得的专利,但是他又变得胆怯而撤销了这一报价。不过,日后他会对此事感到后悔,尤其是因为在他们谈话期间,他和盘托出了自己的秘密,即他的产品是如何通过缓慢加热进行干燥的,从而能够在很长一段时间内保持理想状态。派基有了这种知识作武装,略微修改了一下他的机械装置,就开始干燥他的"麦丝卷",随后他就稳坐钓鱼台,看着美元滚滚而来,在这个过程中变成了一个家赀万贯的巨富。

凯洛格自然心怀怨恨,毕竟他是在长时间的实验研究之后,才想出把小麦煮熟、压扁成片状然后再干燥这一加工过程的。事实很快就证明,这种他所谓的"薄谷片"是一个重大的商业发现,但是并不属于这位良医。由于他并不具有真正的商业头脑,因此他最感兴趣的还是他的疗养院,于是在一段时间内,只有他的病人们才能购买到他的产品。

加速早餐谷物食品进入美国各食品杂货店的主要人物是波斯特（Charles William Post）。他之前曾遭受一连串创业失败致使身体垮掉，然后才开始进军谷物食品生意。1891 年，作为凯洛格疗养院里的一位病人，他并没有把病治好，却逐渐意识到：健康食品，尤其是咖啡替代品，是潜在的金矿。单单是这种想法，必定已经足以令他振奋一点了。在离开疗养院后，他在巴特尔克里克市开了一家健康研究所，并且在短短 4 年内就开发出了波斯顿，这是一种以小麦和糖浆为基本配料的热饮。随后波斯特动用了他所知道的关于销售的一切手段，发动了一波广告攻势，而他的产品也因此取得了成功。

他说，由于咖啡而导致的身体疾病和道德败坏（甚至离婚和青少年违法犯罪）的数量是无限的，然而有了波斯顿，这些都可以被清除，这种饮料保证会"使血液更红"。两年后他所投放市场的产品会证明是一个更大的成功。葡萄坚果最初入市销售时是作为一种谷物饮料，结果遭遇了失败，然而一旦它被重新改换品牌而成为一种早餐谷物食品后，很快就成了畅销商品（它用麦芽糖来增加甜味，波斯特将麦芽糖称为葡萄糖，并认为其具有类似坚果的味道，这也是这种谷物食品名称的由来）。到 1902 年，波斯特每年的盈利是 100 万美元，即使放到今天这也是很多钱，而在当时来说就是发大财了。

凯洛格的弟弟、疗养院总办公室助理威利·基思·凯洛格（Willie Keith Kellogg）又紧跟着对"薄谷片"的想法进行了改进——用玉米来做薄片。最终，凯洛格两兄弟闹翻，而威利·基思（他的签名如今仍然出现在每个谷物食品包装上）在 1906 年用他的烤玉米片创办了巨大的凯洛格早餐食品王国。这个食品王国最初被称为巴特尔克里克烤玉米片公司，1922 年更名为凯洛格公司，而当时作为公司创业基础的这种产品，想必已是世界上最出名的早餐谷物食品了。在其构想阶段，有数百位梦想成功的谷物食品先锋也跃入这一领域，其中有许多就动身去往巴特尔克里克，开始自己创业。很快就有 30 家不同的谷物食品公司涌入这个小小的城市，其中大多数都从事着没有信誉的业务活动。这使得美国人有许多种谷物食品可供选择,而其中每一种都许诺会治愈他们所有的小病小灾。

不过,尽管早餐谷物食品源自健康食品运动,但除了制成它们的谷物所具有的食物营养价值以外,它们并没有任何特殊的营养价值。这就是为什么如今有许多早餐谷物食品都被人为地添加额外的维生素。事实上,正是与其搭配食用的牛奶提供了它们本来所缺乏的大部分营养素。

对一项投诉干脆而爽快的回答

1853 年 8 月 24 日,克拉姆[George Crum,出生时原名乔治·斯佩克(George Speck)]在纽约州萨拉托加斯普林斯的月亮湖饭馆担任主厨工作,当时有一位顾客抱怨他的炸薯条太粗,不是"它们应该有的样子"。克拉姆对这一评论极其恼火,因此他决定作出夸张的答复,将土豆切成尽可能薄的片,然后放进热油里炸。令他大为惊奇的是,这位顾客竟然对此心满意足。事实证明,萨拉托加炸土豆片,或者我们在英格兰所称的薯片,也受到其他用餐者的广泛喜爱,以至于克拉姆很快就有能力用他这项发明所获得的利润来开自己的餐馆了。

哪一位恺撒发明了我的色拉?

这个名字当然会使我们的脑海中浮现出一位性情乖戾、穿着古罗马宽袍的皇帝形象,他或许是在痛快地吃了一顿午餐之后,以娱乐的名义把一两名基督徒当着古罗马人民的面扔去喂狮子。不过与此相反,其实恺撒色拉发明至今还不到 100 年,而且出现于最不可能的地方:墨西哥。

恺撒·卡尔迪尼(Caesar Cardini)出生在意大利,在第一次世界大战开始时与三个兄弟移民到美国。在 1920—1933 年的禁酒时期也有人称之为"崇高的实验",当时在美国禁止出售、制造和运输含酒精饮料。这样做的目的在于改善美国人民的道德和行为,然而事实上却只是促使集团犯罪激增。恺撒和他的兄弟亚历克斯·卡尔迪尼(Alex Cardini)认识到,人们为了喝上一两杯,会愿意花费任何代价,于是他们从中看到了一个合法的商机并抓住了它。1924 年,他们从洛杉矶向南行驶了一段不长的路,越过边界,到达了墨西哥北部城市提华纳,并在那里开了一家餐厅。在此之前,这个城市就已成为南加州人举行周末聚会时最钟爱的去处。

卡尔迪尼餐厅将烈性酒和美味的意大利食物结合在一起,结果证明他们成了赢家。他们 7 月 4 日国庆庆典的预定人数严重超额。根据恺撒的女儿所说,她父亲很快就用完了配料,无法再给这些醉醺醺的顾客烹煮些什么。他的应对措施是,把厨房里不管剩下的什么东西,全都拼拼凑凑做成一份色拉,其中包括:生菜、烤面包丁、帕玛森奶酪、鸡蛋、橄榄油、柠檬汁、黑胡椒和辣酱油。也许为了设法弥补他这道菜的简单,他把这道色拉拿到饭桌前,做了一个戏剧性的手势,突然把它举起后再扔到他的食客们面前,于是每片菜叶都包裹在浓浓的调料之中。

故事继续进行下去,结果这道菜在一群聚会的好莱坞电影明星中大受欢迎,他们是飞来此处度周末的,因此亚历克斯·卡尔迪尼就将它命名为"飞行员色拉"以表示对他们的敬意。后来,卡尔迪尼兄弟的餐厅在商务酒店的一楼开业,这时他们才有底气承认这道色拉的真正起源,于是将其按照恺撒的名字重新命名。它仍然是当时明星们坚定不移的最爱,他们无论旅行到世界上的任何地方,都要求点这道菜。多亏调制色拉的这种即兴方式,恺撒·卡尔迪尼成了一个富翁,并且最终在 1948 年为他的这项著名的创造注册了商标。现今卡尔迪尼公司仍然是美国最受喜爱的烹调油和调味汁生产商,其产品范围日益增长。

你能错得多离谱?

《新闻周刊》(Newsweek)杂志在预测 20 世纪 60 年代中期最受欢迎的度假胜地时建议:"对于那些真正想要逃避一切烦恼的度假者而言,可以去越南游猎一番。"

为什么基辅鸡肉居首

我们所知道的基辅鸡肉也许是世界上最著名的鸡肉配方,它最初是一道意大利菜,名为"*pollo sorpresa*",或者"惊奇鸡肉"。惊奇的原因在于,一旦你将叉子戳进裹着面包屑的鸡胸肉里,就会有融化的蒜香奶油喷射出来。要认同这样一个事实:惊喜的全部要义就在于,不要道破而让它突然出现。于是这道菜取了"*suprême de volaille*"这一法语名字,即"最好的鸡肉"(尽管这种说法也可以指在浓稠的白酱汁中烹饪的鸡胸肉)。正是这种法国菜名为世界带来了这道菜的滋味,而这都要归功于拿破仑①。他有一条名言:"军队要填饱肚子才能行军",他还曾悬赏 12 000 法郎,只要任何人能设计出一种保存食物的方法,以帮助他保持军队持续前进,就能得到这笔奖金。在经过大约 14 年的实验研究后,阿佩尔(Nicolás Appert)发明出在真空密封的瓶子里保存食物的技术,因而在 1810 年 1 月赢得了这笔奖金。

据说阿佩尔设法用这种方式保存的第一批食物中就有他自己的奶油酱汁鸡肉,其结果是使这道菜以前所未有的速度出口到欧洲各地。他的《保存肉类和蔬菜的艺术》(*L'Art de Conserver les Substances Animales et Végétales*)一书同年出版,是第一本关于现代保鲜手段的烹饪书。不出 10 年,罐装技术逐步发展起来,其基础就是阿佩尔确立的这种技术,从那以后他就被称为"罐装之父"。他的方法则被描述为"阿佩尔法"(appertization,即高温杀菌法)。

不过,奶油酱汁鸡肉后来怎么会变成基辅鸡肉的呢?根据俄罗斯食物历史学家波赫列布金(William Pokhlebkin,他的姓源于"*pokhlebka*",即"炖",这是他父亲在 1917 年俄国革命期间所采用的秘密绰号)的说法,这道菜的俄罗斯制法

---

① 拿破仑(Napoléon Bonaparte),即拿破仑一世(Napoléon Ⅰ),法国军事家、政治家,缔造法兰西第一帝国并自己加冕称帝,1804—1815 年在位。——译注

是 20 世纪初在莫斯科商人俱乐部里发明出来的。在那一时期,苏联抵制自身疆域以外的一切,只有采用俄罗斯名字才能被容忍。俱乐部的那位精明又谨慎的大厨将这道奶油酱汁鸡肉重新命名为基辅鸡肉,结果广受欢迎。20 世纪还出现了大量俄罗斯人逃离的移民潮。许多人去往美国,那里的餐馆(尤其是东海岸的那些)开始将奶油酱汁鸡肉称为基辅鸡肉,以吸引在他们的故土上已熟悉这道菜的新顾客。在两次世界大战之间的那段时间,这个新名字又向欧洲流传回去。1976 年,基辅鸡肉成为玛莎百货①烹制和出售的第一种即食食品而载入史册,这是因为在一场另类革命中又跨出了一步——快餐食品攻占了厨房。

对这整个故事加上一个具有讽刺意味的注脚:尽管阿佩尔成功地发明出一种直接导致马口铁罐头大批量生产的加工过程,但是要到近 50 年后,才有另一位发明家想出开罐器的主意。这值得我们现在对此思考片刻(参见“马口铁罐头”一节)。

---

① 玛莎百货是一家英国零售商,总公司位于伦敦,目前在全世界设有约 760 间分店,以销售服装和食品为主。——译注

流行文化

呼啦圈

人类使用圆环的最早记录是在公元前 5 世纪期间,经确认是古希腊人制作的。它们是用藤蔓编成的,而且我们知道他们将这些圆环既用于锻炼,也用于休闲。自那时以来,大人们也好,孩子们也好,都同样用它们来进行滚动、旋转、投掷、抛接,以及用它们来做他们所能想到的任何其他活动。

正如前文所提及的,当英国探险家库克船长在 1778 年 1 月航行到夏威夷时,他一开始宣布这些岛屿为三明治群岛,以此向当时的英国海军大臣、第四位三明治伯爵致敬。附带提一下,这位伯爵就是人们认为发明了我今天的午餐的那位低级庸俗的、不称职的老赌棍。再顺便说一下,人们还普遍认为就是这位三明治伯爵造成了英国在美国独立战争中失利,因为他坚持把当时世界上最强大的海军留在欧洲水域密切注视法国人,而不是将船只派往各殖民地。不过这是离题话。在库克下锚并划船靠岸去寻找新鲜补给之后,他在为其第三次、也是最后一次太平洋之旅所作的大量记录中有许多观察评述,其中之一是古老的

传统舞蹈"呼啦卡希科"。这种舞蹈在居住于夏威夷的波利尼西亚人中世代相传。这次航行成为他的最后一次，因为翌年在他返回欧洲行程中折返夏威夷时，那批曾经对他友好的人杀死了他。

关于太平洋岛民的这种传统舞蹈，并没有什么更值得注意的地方，直到1865年情况才发生了变化。当时伊里亚（Paul Iria）和维齐纳（Ken Vezina）开始制造塑料圆环，不过这些圆环并没有取得很大的商业成功。一直到1957年美国玩具制造商梅林（Arthur 'Spud' Melin）从澳大利亚度假回来，并向他的商业合作伙伴奈尔（Richard Knerr）讲述他遇到那里的人们用塑料圆环来锻炼身体。他们很快就制作出几个廉价的原型，并分发给当地的孩童，看看他们会用这些圆环来做什么。到第二年6月，在经过一场全国性营销活动［其资金来源主要是他们前一年在飞盘产品方面获得的利润，而这是他俩在沙滩上观察人们互相旋转塑料野餐碟后投放市场的］后，呼啦圈的分销才算准备就绪了。

你能错得多离谱？

斯坦·史密斯（Stan Smith）没被录用为戴维斯杯网球赛①的球童，原因是认为他在球场上跑动时太笨手笨脚、呆头呆脑。他后来参加过3次大满贯②决赛，并赢得了其中两次，而且在13年的职业生涯中赢得了全世界各地87次其他锦标赛的冠军头衔。他还赢得过8次戴维斯杯。

① 戴维斯杯网球赛是世界男子团体赛中的重要比赛，也是除奥林匹克网球赛以外历史最长的网球比赛，始办于1900年。——译注
② 大满贯源自桥牌术语，在网球运动中是指一位网球选手在澳大利亚网球公开赛、法国网球公开赛、英国温布尔登网球锦标赛和美国网球公开赛这四大赛事中均夺冠。——译注

　　制造业历史上从未出现过如此一蹴而就的成功(也许半个多世纪以后苹果公司的音乐播放器 iPod 的发行才终结了此纪录),销售的头 4 个月,仅美国各地就卖出超过 2500 万个呼啦圈,每个售价 1.98 美元。美国就这样掀起了一股新的热潮,而我们只能猜测,假如近两个世纪之前库克船长能保住性命从夏威夷群岛逃出来,并且带回了呼啦圈舞蹈的消息,那么英国工业可能会出现什么情况。

可能懊恼至死的唱片制作人

假如本书讲的都是些神话，那么没有一个能超过以下这个故事：四个初出茅庐的少年，他们来自战后的英国利物浦，从几根弦和几把三手吉他开始，直到成为世界上有史以来最重要、最有影响力的流行乐队。

1957 年 7 月，麦卡特尼（Paul McCartney）和列侬（John Lennon）分别是 15 岁和 16 岁，他们在利物浦郊区的一场夏季游乐会上首次相遇。这两位正在崭露头角的吉他爱好者很快就一起演奏，并成立了他们自己的乐队。1958 年 1 月，麦卡特尼又邀请他的校友哈里森（George Harrison）加入乐队。再加上吉他手萨克利夫（Stu Sutcliffe）和鼓手贝斯特（Pete Best），乐队很快就在这个城市各处的酒馆和俱乐部演出了。而到 1961 年，他们甚至在德国汉堡的一家俱乐部完成了为期三个月的驻场演出。

这支年轻的乐队尽管有着信心和信念，但是他们甚至对如何去接洽伦敦音乐业界中的任何圈内人士都一无所知，更不用说争取到一纸唱片合约了。直到利物浦唱片店老板、当时只有 20 多岁的爱泼斯坦（Brian Epstein）从城市各处的海报上注意到这支乐队的名字，并在一本当地的音乐爱好者杂志上读到一篇关于他们的专题文章后，这种局面才得以扭转。最后，这支名为甲壳虫（The Beatles）的乐队录制了他们的第一张试样唱片，那是一首名叫"我的邦尼"（*My Bonnie*）的歌，并且有一位顾客走进爱泼斯坦的商店索要了一张，然后他的好奇心引导他走进如今已经闻名遐迩的利物浦洞穴俱乐部。那是1961 年 11 月 9 日，甲壳虫乐队正在那里进行一场午餐时间演出。

爱泼斯坦察觉到他们与日俱增的名声，因此渴望与这支乐队交往，并且觉得他可以利用自己在伦敦唱片分销商中的人脉来支持他们。甲壳虫乐队

的成员全都是他的唱片店的常客，他们居然认出了他，对此他恰到好处地表示了感到荣幸。他们也认识到他的人脉可能对他们有利，因此一项协议很快达成：爱泼斯坦成为甲壳虫乐队的经纪人。虽然正式合同直至 1962 年 1 月 24 日才签订，但是爱泼斯坦立即投入工作并安排录制试样唱片，这些唱片被急送到伦敦以及百代唱片、迪卡唱片、哥伦比亚、派伊和飞利浦各大公司的办公室。

好运在他们这一边，在迪卡唱片公司，有一位名叫迈克·史密斯（Mike Smith）的年轻助理就在几星期前刚看过这支乐队在洞穴俱乐部的演出，观众的反响比他们的音乐对他产生了更深刻的印象。由此，爱泼斯坦得到邀请，于 1962 年 1 月 1 日带领这支乐队去伦敦的迪卡录音室，为史密斯的老板、资深艺术家及节目监督①罗（Dick Rowe）进行一次试演。新年前夕，甲壳虫乐队挤进一辆小货车的后座，结果在雪地里行驶了 10 小时，才在晚上 10 点到达伦敦，当时

---

① 在音乐业界中，艺术家及节目（artist and repertoire，缩写为 A&R）部门在唱片公司中负责发掘、训练歌手或艺人。——译注

这个首都城市里的各种新年庆典正在加快步伐。

不出所料，这四个年轻人实在太过于纵情欢乐了，因此到第二天上午 11 点试演的时候，他们之中没有一个人特别有活力。史密斯本人不仅迟到，且因宿醉未醒而感到难受，他当即通知这个乐队说，他们自己的设备档次不够，因此不得不使用录音室提供的扩音器。这就意味着他们原本可以坐火车来的。为了一个小时的试演，爱泼斯坦从他们的现场演出清单中选出 15 首歌，其中只有三首是列侬和麦卡特尼的原创歌曲。所有人在不熟悉的环境下都紧张不安，鼓手贝斯特给每首歌敲出的节拍明显都是一样的。列侬本应该是主唱，结果却把大部分歌唱任务都留给了麦卡特尼，甚至连吉他手哈里森也加入了三人演唱，而列侬自己却退到了不引人注目的地方。

即使如此，每个人都还是对这场试演足够满意，离开时都相信这笔买卖基本已经成交。这支乐队在伦敦市北的一家餐馆里庆祝一番以后，又挤回小货车向北进发，久久地等待着回音。三周后，爱泼斯坦自信会得到一个肯定的答复，于是打电话给迪卡唱片公司，与罗通话。事与愿违，罗直言不讳地告诉他："弹吉他的乐队即将被淘汰。"罗接下去说的话令爱泼斯坦震惊："甲壳虫乐队在娱乐业里没有前途。你在那里有一份像样的唱片业务正在蒸蒸日上，为什么不去重操旧业呢？"爱泼斯坦恢复了他的镇定，回答道："你一定是脑子进水了，有一天这些男孩会比埃尔维斯①名气更大。"

仅在两个月内，爱泼斯坦和甲壳虫乐队就与百代唱片的子公司帕洛风签订了唱片合约，并且在 1963 年末成为英国唱片业历史上销售业绩最佳的唱片。到甲壳虫乐队短暂的职业生涯结束时，他们在全世界各地已售出数千万张唱

---

① 埃尔维斯·普雷斯利（Elvis Presley），美国摇滚乐歌手与演员，绰号"猫王"，是 20 世纪最受欢迎的音乐家之一，常被称为"摇滚乐之王"。——译注

片,真正做到了"比埃尔维斯名气更大"。另一方面,作为"回绝过甲壳虫乐队的人",罗的声望则在娱乐业历史中一落千丈。不过,罗在他的余生中始终否认事件的这一说法。他声称就在那场元旦的试演过程中,还有另一支未签约的乐队"布赖恩·普尔及颤音"①也进行了表演,并且罗对史密斯说:"这两支乐队我都喜欢,你得从中作出选择。"随后他又接着声称,史密斯选择"布赖恩·普尔及颤音"是因为他们"来自伦敦,因此会比较容易共事"。

尽管甲壳虫一开始很失望,但是在他们和罗之间似乎并没有出现任何敌意。因为在他们成为超级巨星后不久,这位迪卡唱片公司成员在一间电视演播室里偶然遇见哈里森,后者不仅没有讽刺挖苦他,反而向他透露了一条消息,是关于一支即将到来的、名叫"滚石"的年轻乐队,而他与这支乐队签署了正式合约。从另一方面来说,当有人问列侬是否认为"迪卡唱片公司的那个人会为此懊恼"时,他回答道:"会的,但愿他懊恼至死。"虽然如此,列侬和麦卡特尼还是执笔写下了滚石在迪卡唱片公司的第一首风行一时的单曲"我想做你的男人"(*I Wanna Be Your Man*),这首歌在 1963 年 11 月的英国排行榜上排名第 12。

不过,也有真凭实据显示,罗的判断力通常来说是可靠的,因为在他的参与下,迪卡唱片公司签下了"忧郁蓝调"乐队、汤姆·琼斯(Tom Jones)、小脸乐队、动物乐队、僵尸乐队和莫里森(Van Morrison)。值得提一下的是,"颤音"乐队以贴有迪卡公司商标的唱片取得了有限的成功。1964 年,他们因翻唱奥比森(Roy Orbison)的"糖果男人"(*Candy Man*)登上了英国排行榜第 2 名。几年后,甲壳虫乐队的制作人马丁(George Martin)为罗辩解说,假如是让他听迪卡唱片

---

① "布莱恩·普尔及颤音"组建时的名字是"Brian Poole and the Tremelos",但很快由于报纸拼写错误而被称为"Brian Poole and the Tremeloes",而"tremeloes"一词并无意义。——译注

公司的那次试演录音带,那么他也不会签下这支乐队。

汽车会在长途客运方面取代铁路,这种想象只是白日做梦而已。

美国铁路国会报告,1913 年

这对写一本书来说是个馊主意

事实的真相是,几乎你所阅读过的每一本成功书籍都曾遭受过出版商们的屡次退稿(当然,除非这本书是一位已经功成名就的作者写的,本来就有现成的读者),而这些出版商也许都会回想起一次错失的机会。因此这就意味着,单单关于这个题目,就有足够的材料写成一整本书了。不过尽管情况如此,我们在下面还是仅限于那些最著名的、可以讲出有趣故事的例子。

波西格的《禅与摩托车维修艺术》

我曾经读到过这样的内容:在美国举行的一次出版会议上,一家国际出版公司的执行董事在演讲中承认,他完全不知道如何单单从其公司所接收到的稿件中挑选出一本可能会畅销的书。接下去他还补充说,他也不相信其他任何人会有什么头绪。在某种程度上,情况确实是这样。没有任何方法事先知道购书群体同时都会喜欢什么。也不知道在那些重要的书籍审稿专家们每天收到的数百本书稿中,哪些是他们会选中带回家的。或者那些受欢迎的电视节目会想要和哪些书的作者谈话,又或者哪些作者会受邀在广播节目中谈论他们艰难的写作过程。当然,我们完全无法知道,所有这些重要因素是否可能会恰好在作者将他们的手稿交给出版商的6个月之后碰巧都凑在了一起,如果他或她真能走到这一步的话。

几乎所有取得成功的作者都会在某个地方被某个人退过稿,其作品最终才被认为有出版价值。即使到那时,他们也只会在他们前一本书的背景下被予以考虑,假如有前一本书的话。而这就是为什么波西格(Robert M. Pirsig)的处女作小说《禅与摩托车维修艺术》(*Zen and the Art of Motorcycle Main-tenance*)①在此值得一提的原因。波西格是一位大学教授,在他的简历上写着一次精神崩溃以及被精神病院收治过一段时间。1974 年他出版《禅与摩托车维修艺术》时 46 岁。《禅》这本书被美国出版商们回绝过 121 次,这一壮举被列入了《吉尼斯世界纪录大全》②,是畅销书遭受退稿次数最多的纪录,而这一闻名遐迩的事件只是对这位作者的一种认可,也为所有志存高远的作家们树立了一个典范。这很可能并不是波西格特别自豪的一项世界纪录,不过他肯定会为他自己以及最终接受这本书的出版商威廉·莫罗出版公司随后所取得的 500 万本的销量感到自豪。

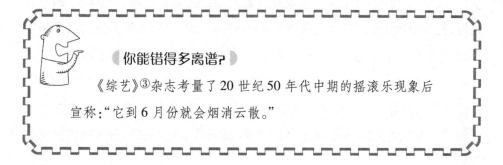

你能错得多离谱?

《综艺》③杂志考量了 20 世纪 50 年代中期的摇滚乐现象后宣称:"它到 6 月份就会烟消云散。"

金的《魔女嘉莉》

当默默无闻的作家金(Stephen King)下笔撰写他的第 4 本书时,他还是一位高中英语老师,住在一辆电话不通的拖车式活动房里,只有他妻子的二手打

---

① 此书有多个中译本,中国友谊出版公司 1998 年版译名为《父子的世界》;重庆出版社 2006 年版译名为《万里任禅游》,2011 年版译名为《禅与摩托车维修艺术》。——译注

② 《吉尼斯世界纪录大全》(*The Guinness Book of Records*)是一本记载自然、人类、社会、文化等不同领域的世界纪录的工具书,首发于 1954 年,每年出版一次。——译注

③ 《综艺》(*Variety*)是美国的一本娱乐界行业周刊,创办于 1905 年,与《好莱坞报道》(*The Hollywood Reporter*)并列为娱乐界两大报刊。——译注

字机可供他使用。在他的前三本书屡次遭受退稿后,金逐渐丧失了信心,并且一度把手稿收到一起扔掉。当他的妻子意识到他的所作所为后,把这些纸页又重新捡回来详检细查,后将它们放回到他面前,并鼓励他继续下去。金自己后来回忆道:"我坚持下来的原因是,当时我已经智穷力竭,除了坚持外没有更好的办法。我仔细思考后认为,我所写的是全世界空前绝后的蹩脚货。"

手稿完成后,这位作者又经历了 30 次退稿,最后才收到比尔·汤普森(Bill Thompson)发来的一封电报。汤普森是双日出版社的一位编辑,他曾尝试打电话给金,不料却发现他为了缩减开支而拆除了电话线。这条电文的内容是:"《魔女嘉莉》(Carrie)①正式成为双日出版的书籍——预付 2500 美元稿酬。祝贺你,孩子,前程远大,比尔。"前程确实远大,因为《魔女嘉莉》13 000 本的销量尚可,此后金和双日出版社又获得了 400 000 美元的出价来购买他们的平装本版权,他们分享了这笔钱。到这一年年底,《魔女嘉莉》已售出超过 100 万本,而金也成为 20 世纪畅销小说家之一。《魔女嘉莉》接下去又卖出超过 500 万本,并催生了三部电影和一部戏剧作品。对于该书的作者来说,更重要的是这本书开创了一项毕生事业,迄今他已创作出 50 部书籍、许多电影,全球销售额超过 3.5 亿。

凯鲁亚克的《在路上》

1957 年《在路上》(On the Road)②首次出版时,《纽约时报》将这本书描述为"迄今为止由'垮掉的一代'③(这个名称也是凯鲁亚克本人在数年前起的)所

---

① 中国对外翻译出版公司和上海译文出版社的简体字中译本译名分别为《凯丽》和《魔女卡丽》,台湾皇冠文化出版有限公司的繁体字中译本译名为《魔女嘉莉》。——译注
② 此书中译本有:漓江出版社 2001 年版,译者文楚安;上海译文出版社 2006 年版,译者王永年。——译注
③ "垮掉的一代"是第二次世界大战之后出现于美国的一群松散结合在一起的年轻诗人和作家的集合体。——译注

作出的最为优美、最为清晰以及最为重要的表露,而他自己正是这一代的主要化身。"凯鲁亚克(Jack Kerouac)从大学退学后,移居到纽约市上西区①,他在那里遇到了伯勒斯(William Burroughs)、亨克(Herbert Huncke)、金斯伯格(Alan Ginsberg)、卡萨迪(Neal Cassady)和霍姆斯(John Clellon Holmes)。他们全都是作家,其中一些人已经出版了作品,其他人则仍在等待突破。1942 年,凯鲁亚克加入美国商船队,并在海上写出了他的第一本书《大海是我的兄弟》(*The Sea Is My Brother*)②。这位年轻的作家当时将它描述为"一坨狗屎",甚至从未尝试去找一家出版商。人们在书架上找到凯鲁亚克的这本处女作时,已经是 70 年后,其时他本人也已去世 42 年了。

凯鲁亚克一回到纽约,就开始与伯勒斯合作撰写第二部书,题目是《河马被煮死在水槽里》(*And the Hippos Were Boiled in Their Tanks*)③,这本书在两位作者生前也从未出版。这是伯勒斯第一次尝试小说写作,而他日后会成为这个群体中第一个赢得恶名的人。那是 1953 年他的《毒瘾者》(*Junky*)一书成为充满争议的畅销书。金斯伯格的处女作诗集《嚎叫》(*Howl*)在 1957 年成为一场淫秽案审讯的主题,这也就使他出了名。亨克在 1964 年取得了平平的成功,而在 20 世纪 80 年代期间变得更为多产。霍姆斯在 20 世纪 50 年代创作了一部小说《走》(*Go*),并且也同样在他的职业生涯后期变得更为多产。而卡萨迪被认为是垮掉的一代中最聪明的成员,并且是《在路上》一书中的中心人物的原型。除了一些信件和 1971 年出版的一本自传式小说以外,他在写作方面几乎毫无建树。

另一方面,凯鲁亚克在 1946 年与卡萨迪一起完成横跨美国的公路旅行后,成为一位多产的作家。在他 1949 年坐下来撰写《在路上》的第一遍完整稿之

① 上西区位于纽约市曼哈顿区,邻近华尔街,是艺术家聚集的地区。——译注
② 此书中译本由上海文艺出版社 2014 年出版,译者董研。——译注
③ 此书中译本由人民文学出版社 2012 年出版,译者牛皮狼。——译注

前,已完成了四篇足本小说。而据他自己估计,《在路上》的第一稿只花了三个星期的时间。随后他又花了三个星期时间来准备最终稿。与此同时,他第一部出版的小说《乡镇与城市》(*The Town and the City*)在 1950 年发行,尽管这本书获得了不错的评价,但是其销量惨淡。凯鲁亚克对于《在路上》更有自信,结果却发现他所接触的那些出版商反应毫不热情。这本书屡次被拒,原因是大多数编辑对于在战后的美国出版一本同情被边缘化群体(垮掉的一代)的书感到不安,也担心凯鲁亚克对毒品使用和同性恋的生动描写可能导致被以猥亵罪起诉。凯鲁亚克走进了一条死胡同,他周围的门都关上了。当他的妻子哈弗蒂(Joan Harverty)怀孕并离开他后,这位年轻的作家又重返路途,并寻找兼职体力活来为他的旅行提供资金。在接下去的 5 年中,凯鲁亚克继续投递《在路上》,结果一无所成。在此期间他所写的文稿日后可成为另外 10 部小说的底稿。他还反复陷入忧郁状态,这与他大量滥用毒品和酗酒相关。

最终,维京出版社于 1957 年提出《在路上》的出版意图,但是要求做一些重大修改,而凯鲁亚克勉为其难地答应了。所有明确与性有关的段落都被删除,全部角色的名字也都因害怕诽谤指控而被改换,这样《在路上》才做好了出版准备。1957 年 7 月,凯鲁亚克移居到佛罗里达州的奥兰多等待书的发布,这时离此书完稿已经过去了整整 7 年。不出数周,凯鲁亚克一天早上醒来,读到了《纽约时报》的一篇米尔斯坦(Gilbert Millstein)撰写的《在路上》书评,其中宣称:"正如《太阳照常升起》①逐渐被视为比 20 世纪 90 年代任何其他小说都更适合充当'迷惘的一代'②的誓约,看来《在路上》也必定会逐渐被认为是

---

① 《太阳照常升起》(*The Sun Also Rises*)是美国诺贝尔文学奖得主海明威(Ernest Hemingway)创作的小说。中译本由上海译文出版社出版,译者赵静男。——译注

② "迷惘的一代"是美国作家格特鲁德·斯坦(Gertrude Stein)提出的,通常指在第一次世界大战期间成年的一代人,包括许多著名作家。海明威在《太阳照常升起》中使用了"迷惘的一代",从而使这一名称广为人知。——译注

'垮掉的一代'的宣言。"《在路上》令凯鲁亚克一举成名,然而当时将他描述为一夜成功的那些人,他们都令人遗憾地错了。

这时出版商们都争先恐后地挤到他门前,而他另外的那些以前没人要的、遭到回绝的稿件也受到大家急切的争抢。《在路上》在 1957 年间变得如此出名,以至于在它出版 9 个月后,凯鲁亚克在纽约被三个人殴打致重伤,从此在公众场合再也没有安全感了。这本书改变了他作为小说原型写进故事中的那些朋友的生活,卡萨迪经常遭拘捕,并被搜身查找毒品。在战后保守的美国,有许多人都对凯鲁亚克及其人物角色的那些胡作非为感到厌恶,因为有些美国年轻人可能会与之发生共鸣。

《在路上》出版后,凯鲁亚克的明星光环闪闪发光,但他的生活方式让他付出了健康的代价。1969 年,时年 47 岁的凯鲁亚克坐在他最心爱的椅子上喝着威士忌。他正在从两星期前卷入的又一场酒吧斗殴中康复,这时他突发内出血,这是他毕生饮酒过量的结果。他再也没有恢复意识,于第二天早晨去世。

遭到多次退稿的《在路上》接下去变成了一本真正的现代经典作品。自 1957 年出版以来,它在任何一年中的销量都从未低于 60 000 本。1998 年,美国现代图书公司将此书列入 20 世纪百佳英语小说第 55 名,它也进入了《时代》(Time)杂志的类似清单。

阿特丽克斯·波特的《彼得兔的故事》

《彼得兔的故事》(The Tale of Peter Rabbit)①是 1893 年兼职美术家和插画师的阿特丽克斯·波特(Beatrix Potter)为她以前的家庭女教师安妮·穆尔(Annie Moore)5 岁的儿子诺埃尔·穆尔(Noël Moore)所写。8 年后的 1901 年,这位

①　此书中译本由江苏少年儿童出版社 2011 年出版,译者司南。——译注

作者在修订这些故事后联系了若干出版商,结果无功而返。然后她决定自己少量印刷,用作礼物来送给家人和朋友们。

翌年,曾经拒绝过这本书的出版商之一恰好偶然看到这个自费出版的版本,于是改变了他的心意。弗雷德里克·沃恩公司联系了波特,并同意为《彼得兔的故事》推出一个带有彩色插图的普及版,而这一版本到 1902 年底已售出了十分可观的 20 000 本。在接下去的几年中,《彼得兔的故事》售出超过 4500 万本,并形成了一项产业,包括电影、漫画、玩具、服装、食物以及超过 25 个新角色,它们在一个多世纪后的今天仍然在发售。

坎菲尔德和汉森的《心灵鸡汤》

1990 年,两位分别名叫坎菲尔德(Jack Canfield)和汉森(Mark Hansen)的励志演说家想到一个主意:编一本励志故事的书,在他们的研讨会上出售。几个世纪以来,鸡汤一直被视为一种令人舒适的食物,身体不适的年轻人常常要喝一些鸡汤,这在某些群体中尤为流行。事实上,12 世纪的内科医生和药剂师们为感冒和流感病人开出的处方中会有它,当时被某些人视为所谓的"灵丹妙药"。由于想到了这一典故,因此坎菲尔德和汉森决定将他们的书定名为《心灵鸡汤》(*Chicken Soup for the Soul*)①,这本书意图鼓舞读者振奋精神。根据和他们接触商谈这种想法的出版商们所说,这是他们犯下的第一个错误。

坎菲尔德后来回忆道:"我们第一次去纽约时,我们在两天时间内和我们的代理人一起走访了十几家出版商,结果没有人想要这本书。他们说这是一个愚蠢的标题,没有人会去购买短篇故事合集,其中没有胜人之处、没有性、没有暴力,那么还有什么人会想要去读它呢?"不过,这两位作者仍然毫不气馁,花费接下去的两年时间,在朋友和同伴们的一点帮助下,编写出 101 个故事,并继续与图书出版商们接触。汉森甚至一度开始带着一只公文包走进各种会场,包里装满了多达 20 000 名顾客签名的请求,他们全都保证只要此书一经上架就会立即购买。据估计,他们总共接触了 100 多家出版商,全都遭到拒绝。

直到希思通信公司得到了一本书稿,并且喜爱这一构思,事情才出现了转机。这家公司是一家竭力维持着的小型独立出版社,专门出版关于药物成瘾和酗酒之类主题的自救型书籍。不过,希思通信公司濒临歇业,几乎没有钱来支付稿酬。因此坎菲尔德和汉森在完全不收取任何费用的情况下签字转让了版权,他们只是同意分享版税,前提是如果有的话。《心灵鸡汤》一经发售,立即成为《纽约时报》畅销书,并成为由超过 200 本带有《心灵鸡汤》标题的书籍构成的系列中的第一本,例如《豆蔻年华心灵鸡汤》(*Chicken Soup for the Teenage Soul*)、《被收养儿童心灵鸡汤》(*Chicken Soup for the Adopted Soul*)和《名人心灵鸡汤》(*Chicken Soup for the Celebrity Soul*),这个系列售出 1.25 亿本,并被翻译成全世界 60 种不同的语言。因此这不是一个愚蠢的标题,对吗?

---

① 此书有吉林人民出版社、中国城市出版社和安徽科学技术出版社等多个中译本。——译注

> **你能错得多离谱？**
>
> 埃尔利希①博士在作出失败预测方面成果颇丰。他在 1970 年世界地球日②所作的一次演讲中自信地宣称："10 年后，海洋中的所有重要动物都会灭绝。由于死鱼所散发出的恶臭，海岸沿线大片地区的居民都会被迫疏散。"

纳博科夫的《洛丽塔》

俄罗斯作家纳博科夫(Vladimir Nabokov)开始动笔写这部后来造成重大影响的著作时，他已经在十月革命③后从苏联逃亡到德国。随后他又在第二次世界大战爆发时逃离德国去往法国，继而在几年后纳粹接近巴黎时离法赴美。他用母语写作了几本小说，还写了两部英语小说，已被认为是一位功成名就的作家。

1953 年夏天，纳博科夫与妻子薇拉(Vera Nabokov)出发去美国西部度假，这是他们定期进行的捕蝶假期中的一次。他在那里利用空闲时间写出了《洛丽塔》(*Lolita*)④的第一稿，而薇拉则充当打字员、编辑、调研员、司机、校对员、代理人、秘书和厨师。当纳博科夫在他们的旅程结束回家时，这位作者企图将这些未完成的书稿付之一炬，是薇拉阻止了他。

---

① 埃尔利希(Paul Ehrlich)，美国生物学家，斯坦福大学人口研究和生物学教授。——译注
② 世界地球日是一项世界性的环境保护活动，时间是每年的 4 月 22 日。——译注
③ 1917 年 11 月 7 日爆发的十月革命也称为布尔什维克革命，建立了继巴黎公社之后的人类历史上第二个无产阶级政权——苏维埃政权。——译注
④ 此书有上海译文出版社、译林出版社和外语教学与研究出版社等多个中译本。——译注

纳博科夫被说服完成这本书稿,他设法做到了,那是 1953 年 12 月 6 日。然后他考虑用一个笔名来投递这部作品,但是薇拉发现她所接触的几乎所有出版商都拒绝了这本书。其中有一封拒稿信中指出,这本书"令人无法抑制地感到恶心,即使对于开明的弗洛伊德学说信奉者来说也是如此。对于公众而言,这本书会令人厌恶。它不会有销路,并且可能会对您日渐增长的名声带来不可估量的损害。我建议您将它在石头下埋个 1000 年。"其他出版商们被告诫有受猥亵罪审讯的危险,也都很快拒稿了。最终有 6 家出版社拒绝了《洛丽塔》,然后纳博科夫去求助于他的法语翻译员埃尔卡兹(Doussia Ergaz),指示她为法国市场译出这本书稿,他推断在那里遇到的阻力会小一些。最终,这本书到了奥林匹亚出版社的吉罗迪亚(Maurice Girodias)手中,这家出版社的出版书目中有许多被认为是色情垃圾。因此不出所料,他们同意出版这本书。

纳博科夫原本不知道这家出版社的名声,不过他还是不顾其他出版社的朋友们给他的警告,签下了一份合同,他以自己的名字出版此书。他的同伴们将此举看成是文学上的自杀,因此等待着那在所难免的后果。《洛丽塔》在 1955 年 9 月最终发行了,它的制作质量极差,翻译不当,而且满是拼写错误。虽然第一次印刷的 5000 本很快销售一空,但是没有任何报纸或杂志敢于刊出评论,即使在法国也是如此。不过,到 1955 年底,英国小说家格林(Graham Greene)为《星期日泰晤士报》[①]撰写了一篇评论,其中将《洛丽塔》描述为"1955 年最好的三本书之一"。这最终挑起了反响,《星期日快报》[②]称这本书为"淫秽书籍"。英国内政部的反应是查禁《洛丽塔》,并公开命令海关人员全部没收。内政部采

---

① 《星期日泰晤士报》(*Sunday Times*)是一份英国的全国性报纸,每周日出刊,创刊于 1821 年。——译注

② 《星期日快报》(*Suday Express*)是英国的一份小型报纸,创刊于 1918 年,是创刊于 1900 年的《每日快报》(*Daily Express*)系列之一,这一系列还包括《每日星报》(*Daily Star*)和《星期日星报》(*Daily Star Sunday*)等报纸。——译注

取的这种行动引起了公众的注意,而这正是纳博科夫及其出版社梦寐以求的。

法国官方最终意识到正在发生的事情,于是也查禁了《洛丽塔》。当两年后终于取消禁令时,魏登费尔德和尼科尔森出版社买下了该书在英国的发行版权,但是随之而来的流言蜚语终结了出版社合伙人之一、下院议员尼科尔森(Nigel Nicolson)的政治抱负。在他的选民联合会拒绝支持他参加 1959 年的普选之后,他被迫下台。对此他不必过于担心,因为接下去《洛丽塔》卖出超过 5000 万本,并在 1962 年由库布里克(Stanley Kubrick)改编成电影,1997 年又由莱恩(Adrian Lyne)再次翻拍。这个故事被多次创作成戏剧、两次歌剧、两次芭蕾舞剧和一次音乐剧,并名列美国现代图书公司的 20 世纪百佳英语小说榜中第 4 位。

> 飞机在两三年前曾被视为解决问题的出路,但在我看来显而易见的是,现在这样的可能性已经消失殆尽,我们必须另觅出路。
>
> 美国发明家爱迪生,1895 年

罗琳的《哈利·波特与魔法石》

1993 年 12 月,从前的教师、后来的作家罗琳(Joanne K. Rowling)从葡萄牙带着她 6 个月大的女儿逃离了她的父亲,孤单地居住在苏格兰爱丁堡一间租来的小公寓里。她仅有的只是一个故事的前 3 章,那是几年前她在去往伦敦的旅途中,在一列拥挤的火车上构思出来的。而在过去的一年中,她在波尔图①市的

---

① 波尔图是葡萄牙的第二大城市,位于大西洋沿岸,也是葡萄牙最大的港口。——译注

教书间歇时间里开始把这个故事写了下来。由于几乎没有什么别的事情可干，因此这位单身母亲会带着她的宝宝外出散步。而只要孩子一睡着，她就会走进一家咖啡馆安坐下来，继续撰写这个她一直在扩展着的故事的更多章节。

1995 年，罗琳完成了这个她称之为《哈利·波特与魔法石》(*Harry Potter and the Philosopher's Stone*)①的故事的第一稿，并将前 3 章投寄到克里斯多夫·里特尔文学代理公司，而后者同意为她做代理。在接下去的 12 个月中，这家代理公司接到 12 次退稿，那些摒弃这本书稿的编辑都认为它"太长"，而且似乎没有任何人对这个故事感兴趣，罗琳自己也承认当时感觉到挫败。她在 2008 年谈到这一点时这样透露："假如我真的在任何其他方面取得了成功，那么我也许就绝不会在一个真正属于自己的领域找到成功的决心。我获得了自由，因为我最害怕的事情已然发生，但我还活着，我还有一个我深爱着的女儿，我还有一台旧打字机和一个大创意。"

在这段时期中，罗琳领取救济金。直到 1996 年，伦敦布鲁姆斯伯里出版社的编辑坎宁安(Barry Cunningham)周末带了几章回家阅读，以赶上他的交稿进度。不过，最终还是执行主管奈吉尔·牛顿(Nigel Newton)8 岁的女儿爱丽丝·牛顿(Alice Newton)拿到第一章阅读后，立即要求读接下去的两章，她这样告诉她的父亲："这本书真是无与伦比"，这时布鲁姆斯伯里出版社才为这本书稿出价 1500 英镑，另加销售所得的版税，前提是如果有的话。罗琳还得到建议，让她找一份"正当职业"，因为儿童读物销售困难是昭然若揭的，"没有人靠它们赚过钱"。

1997 年，罗琳申请并得到了苏格兰艺术委员会 8000 英镑的补助金，这使她能够继续写作一段时间。1997 年 6 月，首次付印的仅 500 本发行，其中 300 本送给各图书馆。这次首印的初版书如今以 40 000 英镑以上的价格在收藏家们

---

① 此书中译本由人民文学出版社出版，译者苏农。——译注

之间转手。一开始销售速度非常缓慢,不过在 7—9 月期间,肯定的评论开始出现在本地报纸上,随后全国性报纸也开始纷纷跟进。不过,多亏《哈利·波特与魔法石》出版 6 个月后赢得一项国家图书奖所带来的宣传效应,才使其势不可挡地开始发展成如今价值 150 亿美元的书刊和电影产业。

更多遭受过残酷拒绝的作者们

事实上，图书出版业中没有软弱者的容身之地，在其历史上，作家们被告知他们的想法糟糕至极，而后来他们继续干下去却取得了全球性的成功，这样的例子俯拾皆是。

玛丽·克拉克①原先是泛美航空公司的空中乘务员，当 1975 年 46 岁的她为第一部小说《孩子们在哪里》（*Where Are the Children*）投稿时被告知："我们觉得女主角的故事很乏味。"此书现在已出到第 75 版，并且克拉克以后又陆续写出了另外 41 本畅销书，整个写作过程为她赚到了超过 6000 万美元。

《柳林风声》（*The Wind in the Willows*）的作者肯尼思·格雷厄姆②被告知："这是一个不负责任的假日故事，绝不会有销路的。"一个多世纪以后，并且在售出超过 2500 万本之后，这本书仍然十分畅销，真是谢天谢地。

"这本书写得如此糟糕"，这是丹·布朗③的《达·芬奇密码》（*The Da Vinci Code*）所获得的判断性意见，而后来他成为有史以来最畅销作家中的第 20 位，以超过 2 亿本的销量独领风骚。

科埃略④的《炼金术士》（*The Alchemist*）原先的销量是 800 本，而后他找到一家新的出版商，于是将这个数字稍稍提高到了 7500 万。

---

① 玛丽·克拉克（Mary Clark），爱尔兰裔美国悬疑小说家，曾获美国推理作家协会最高荣誉——爱伦坡奖的"大师奖"。爱伦坡奖自 2001 年起新增克拉克奖，鼓励以坚毅女性为主角的推理小说。——译注

② 肯尼思·格雷厄姆（Kenneth Grahame），英国作家。《柳林风声》有译林出版社、浙江少年儿童出版社和上海人民美术出版社等多个中译本。——译注

③ 丹·布朗（Dan Brown），美国悬疑小说家，作品结合了密码学、科技、宗教、艺术等元素。《达·芬奇密码》有多个中译本。——译注

④ 科埃略（Paulo Coelho），巴西作家。《炼金术士》有上海译文出版社和南海出版公司两个中译本，其中南海出版公司将书名译为《牧羊少年奇幻之旅》。——译注

1903 年，美国牙医格雷①被告知："你无缘成为一名作家，应该放弃这种想法。"而他的书现今仍然在发售，估计超过 2.5 亿本。

瑟斯博士②曾被告知："这与坊间其他少儿读物太不相同了，因此无法确保会有销路。"而其后销售的 3 亿本，使西奥多·瑟斯·盖泽尔成为有史以来最畅销作家中的第 9 名。

巴赫在《海鸥乔纳森·利文斯顿》(*Jonathan Livingston Seagull*)③的一次拒稿中被告知："没人会想看一本关于一只海鸥的书。"而迄今已经有 4400 万人看过这本书了，并且这个数字还在增加。

苏珊④被告知，她是一位"未受过训练的、文字散漫芜杂的、完全业余的作家"，而后《娃娃谷》(*Valley of the Dolls*)卖出了 3000 万本。

《飘》(*Gone with the Wind*)被拒稿达 38 次之多，最后米切尔⑤找到一家出版商，为她卖出了 3000 万本。

戈尔丁⑥收到一封退稿信，通知他《蝇王》(*Lord of the Flies*)是"一个荒谬而且无趣的奇幻故事，既垃圾又沉闷"。就我个人而言，我觉得这位编辑还是有点道理的。

---

① 格雷(Pearl Zane Gray)，美国牙医、作家，写作题材主要是美国西部冒险故事。他的小说已有 100 多部被改编成电影电视作品。——译注

② 瑟斯博士(Dr Seuss)是美国作家及漫画家西奥多·瑟斯·盖泽尔(Theodor Seuss Geisel)的笔名。他的作品以儿童绘本为主，并且每部作品都运用有趣的押韵。——译注

③ 巴赫(Richard Bach)，美国飞行员、小说家。《海鸥乔纳森·利文斯顿》中译本名为《海鸥乔纳森》，由南海出版公司出版。另有美国晨星出版社的繁体字译本将书名译为《天地一沙鸥》——译注

④ 苏珊(Jacqueline Susann)，美国作家，在开始写作前曾做过模特、演员。《娃娃谷》中译本由人民文学出版社出版，书名译为《迷魂谷》。——译注

⑤ 米切尔(Margaret Mitchell)，美国作家，《飘》是她出版的唯一作品。《飘》有多个中译本，有的译本将书名译为《乱世佳人》。——译注

⑥ 戈尔丁(William Golding)，英国小说家、诗人，1983 年诺贝尔文学奖得主。《蝇王》中译本由上海译文出版社出版。——译注

卡伯特①的床下放着 3 年以来所收到的退稿信，一直到《公主日记》（*The Princess Diaries*）最终被接受并卖出 1500 万本之前，这个装信的袋子已经沉重到她都举不起来了。

在遭到 25 家文学代理公司的拒绝后，尼费尼格②主动将她的一份书稿寄给旧金山的一家小型出版社，然后屏息以待。麦克亚当/凯奇出版公司喜欢这个故事并同意出版，于是《时空旅行者的妻子》（*The Time Traveler's Wife*）在全世界各地用 33 种语言卖出了 700 万本。

加思·斯坦③的《在雨中赛跑的艺术》（*The Art of Racing in the Rain*）一书是从一只狗的角度来叙述的，他的代理商拒绝了这个想法。斯坦换了几家代理商，弗里欧文学经营公司很快将版权卖出了 100 多万美元。

有一家出版商曾很出名地拒绝了威尔斯④的《世界之战》（*The War of the Worlds*）一书的版权，原话如下："这是一场无穷无尽的噩梦。我认为最后定论会是'哦，不要去读这本可怕的小书。'"这本可怕的小书自 1898 年销售至今，并被视为经典之一。

1956 年，丹尼斯⑤成为史上第一位有 3 本书同时位列《纽约时报》畅销书榜的作者。他早先曾按照以字母顺序列出的整张美国出版商清单，将自己的书稿逐一投递出去。最终他的出版商是先锋出版社。

---

① 卡伯特（Meg Cabot），美国作家。《公主日记》共四部，其中前两部已改编成电影。——译注
② 尼费尼格（Audrey Niffenegger），美国作家、视觉艺术家。《时空旅行者的妻子》由人民文学出版社出版。——译注
③ 加思·斯坦（Garth Stein），美国作家、电影制作人。《在雨中赛跑的艺术》中译本由南海出版公司出版，书名译为《我在雨中等你》。——译注
④ 威尔斯（H. G. Wells），英国小说家、记者、政治家、社会学家、历史学家，他创作的科幻小说对该领域影响深远。《世界之战》有多个中译本，有的译本将书名译为《世界大战》。——译注
⑤ 丹尼斯（Patrick Dennis）是美国作家爱德华·埃弗里特·坦纳第三（Edward Everett Tanner Ⅲ）的笔名。——译注

哈利①在他的《根》(Roots)这本书最终出版之前的 8 年时间里,遭到 200 次退稿,而这本书在出版后的最初 8 个月中就售出了 150 万本。

加利福尼亚州艾伦谷附近的杰克·伦敦州立历史公园收藏着杰克·伦敦②在卖出他的第一个故事前收到的 600 封退稿信。

---

① 哈利(Alex Haley),美国作家。《根》有生活·读书·新知三联书店和译林出版社两个中译本。——译注
② 杰克·伦敦(Jack London),美国现实主义作家。他一生共留下了 19 部长篇小说、150 多篇短篇小说以及大量文学报告集、散文集和论文,其中有许多被译为中文。——译注

被告知不要放弃他们日常工作的那些超级巨星

　　大奥普利是 1925 年创建于美国田纳西州纳什维尔的一种表演乡村音乐的舞台音乐会。奥普利最初的形式是每周举行一次的谷仓舞,当时可以在 WSM 广播(这一广播曾很出名地被称为"传奇")中收听。奥普利从 1939 年开始进行全国范围的广播,而现在则以历史上播放时间最长的广播节目之一而闻名于世。多年来,奥普利为诸如威廉斯(Hank Williams)、克莱因(Patsy Cline)和卡特家庭(Carter Family)这样的乡村音乐偶像们提供了舞台,从而在此过程中确立了纳什维尔市作为世界乡村和西部流派之家的地位。诸如帕顿(Dolly Parton)、迪克西女子三人组(Dixie Chicks)和布鲁克斯(Garth Brookes)这样一些明星也在这个舞台上找到了常驻的演出场所。

　　不过,在 1954 年 10 月 2 日,一位身材瘦长的 19 岁新人第一次、也是唯一一次在此露面。现场观众尽管觉得他这种尖利刺耳的音乐以及"像蛇一样的臀部"扭转动作"粗俗而且令人反感",不过还是对他的表演作出了礼貌地回应。当时的总经理丹尼(Jim Denny)后来告诉年轻的埃尔维斯·普雷斯利:"你哪里也去不了,孩子,除非是回去开卡车。"仅仅 6 个月之前,这位年轻人还两次试演想成为当地乐队歌手,结果都失败了,理由是他不会唱歌。接下去一个月,即 1954 年 11 月,普雷斯利得到一纸合同,在路易斯安那谷仓舞会上表演 52 场,他幸好在那里遇到了帕克上校(Colonel Tom Parker),而后者对他有着另一种看法。

　　不出 12 个月,谷仓舞会驻唱接近尾声时,普雷斯利不仅被选为"乡村电台节目主持人大会"年度最佳艺术家,而且还有帕克上校正在考虑的三家唱片公司的报价,它们各自出价 25 000 美元要与这位年轻的明星签约。1955 年 11 月

21 日,帕克收到美国无线电公司的出价,达到了前所未有的 40 000 美元,他俩就急切地接受了下来。只不过当时普雷斯利尚未成年,还得请他的父亲来签署文件。再过一年,普雷斯利就成了世界上最著名的歌手。而到 20 年后他去世时,他已为《公告牌》①排行榜贡献了超过 100 首单曲,超过历史上所有其他独唱艺人。

不过埃尔维斯并不是唯一遭受拒绝和(或)遭受错误判断影响的偶像音乐家。1967 年,亨德里克斯②在英国排行榜上已 3 次冲到前 10 名,却至此还没能给他土生土长的美国留下印象,只不过是一位受人尊敬的在录音室中为表演者伴奏的吉他演奏家。一天,门基乐队③的内史密斯(Mike Nesmith)正在伦敦与麦卡特尼和克拉普顿④共进晚餐,这时列侬也到了。内史密斯后来回忆道:"约翰说'很抱歉我迟到了,不过我有点东西想播放给你们几位老兄听。'他有一台磁带录音机,播放了亨德里克斯的《嗨,乔》(Hey Joe)。在场所有人都听得合不拢嘴。约翰说'这还不精彩吗?'"几个星期后,门基乐队的多伦茨(Micky Dolenz)在蒙特利流行音乐节上遇到了亨德里克斯,并向他的乐队制作人们提议,它们想邀请"吉米·亨德里克斯体验"乐队对门基乐队在美国的巡演给予支持。

尽管这个主意如今看起来很荒谬,但当时亨德里克斯被其经纪人钱德勒

---

① 《公告牌》(Billboard)是一本美国音乐杂志,创办于 1894 年,这本杂志的排行榜一直是美国最权威的唱片排行榜。——译注

② 亨德里克斯(Jimi Hendrix),美国吉他手、歌手、音乐人,因为是左撇子,他把吉他的琴弦颠倒安装以便左手演奏。尽管他的主要音乐生涯只持续了 4 年,但被公认为是流行音乐史中最重要的电吉他演奏者,在 2011 年由《滚石》(Rolling Stone)杂志所评选出史上 100 大吉他手中名列第 1。——译注

③ 门基乐队是一支由 4 个人组成的摇滚乐队,成立于 1965 年,1970 年解散,后来又重组过多次。——译注

④ 克拉普顿(Eric Clapton),英国音乐人、歌手及作曲人,公认为史上最伟大的吉他手之一,在 2011 年由《滚石》杂志所评选出史上 100 大吉他手中名列第 2。——译注

（Chas Chandler）说服了，他接受了这项提议。他的音乐也因此展示在数十万购买唱片的年轻美国孩子们面前。但正是这一决定，却产生了完全适得其反的效果，因为尽管门基乐队很喜爱亨德里克斯和他的音乐（让他们坐在地板上听调弦都乐意），但他们的乐迷们却嘲笑与嘘声一片。多伦茨后来回忆道："亨德里克斯会缓步走上舞台，把电吉他的音量调高，然后突然开始演奏'紫色迷雾'（Purple Haze），于是观众席上孩子们大喊'我们要戴维①'的声音就会立即压过他。上帝啊，这真叫人尴尬。"短短 7 天后，亨德里克斯就离开了这次巡演。不过，伟大的亨德里克斯退出门基乐队的巡演，这个一次又一次重复的故事并不是真的。当时"紫色迷雾"在美国排行榜上正在产生影响，亨德里克斯是应他自己乐迷们的要求，因而得以在友好的气氛下终止了巡演协议。

1963 年，很有影响力的音乐代理人伊斯顿（Eric Easton）认为伦敦一个热门的新团体在繁忙的直播音乐巡演中有点潜力。他告诉他们的经纪人："不过那个歌手必须离开，英国广播公司（British Broadcasting Corporation，缩写为 BBC）不会喜欢他。"在滚石乐队职业生涯的初期，英国广播公司确实不十分喜欢贾格尔②。

1944 年，一位时装摄影师发现了梦露③，并鼓励她去蓝书模特经纪公司应征，以期能与这家公司签订一纸合约。公司主管之一斯内维利（Emmeline Snively）向希望获得成功的这位年轻人解释说，他们只想找金发的模特，并建议有着深褐色头发的梦露"去学习如何做一名秘书或者去结婚"。梦露反倒将她的头

---

① 戴维·琼斯（Davy Jones）是门基乐队的主唱之一。——译注
② 滚石乐队是一支英国摇滚乐队，成立于 1962 年。贾格尔（Mick Jagger）是滚石乐队创始成员之一，1962 年开始担任乐队主唱，并演奏口琴、吉他和钢琴。——译注
③ 梦露（Marilyn Monroe），美国女演员，以性感出名，1999 年被美国电影学会选为百年来最伟大的女演员第 6 名。——译注

发染成了金黄色,一个星期后又回来了,并且得到了一纸合同,从而成为蓝书公司最为成功的委托人。梦露也不是最后一个曾遭到歧视的人。不可方物的哈耶克①曾被告知,她做演员是绝不会取得成功的,因为人们一旦听见她说话,就会想到他们的女仆。

到1964年,里根②职业生涯的大部分时间是作为好莱坞的一名演员,虽然主要是在当时所谓的"B"级电影③中出镜。1964年,他参加了扮演一个总统候选人角色的试镜,并再次遭拒。里根被拒的原因是电影制片厂的主管人员认为他"没有总统的样子"。14年后,他接受共和党提名,竞选真正的总统,并且在1980年正式当选。

> 电影不过是风靡一时的东西。它是罐装的戏剧。观众真正想看的是舞台上的血肉之躯。
>
> 演员、制片人、喜剧演员卓别林
> (Charlie Chaplin),1916年

---

① 哈耶克(Salma Hayek),墨西哥裔美国女演员、导演、制作人,首个获得奥斯卡最佳女主角提名的墨西哥人。——译注
② 里根(Ronald Reagan),美国第40任总统,1981—1989年在任,踏入政坛前曾做过运动广播员、救生员、报社专栏作家、电影演员。——译注
③ B级电影是指拍摄时间短、制作预算低的影片。——译注

"强手棋"游戏

棋盘游戏在全世界各地风行超过 5000 年,并且常常与学习及算术知识联系在一起。1903 年,经济学家乔治(Henry George)的美国追随者马吉(Lizzie Magie)认识到,公众并不理解土地和财产租赁如何只是有助于增加有钱人的财产,而他们的佃户却仍然会处于贫穷之中。乔治主义的经济哲学包括以下理念:在自然界中所发现的万事万物都平等地属于每一个人。乔治提出这样一个崇高的观点:按土地价值进行征税最终会降低有产者和无产者之间的不平等状况,不过他似乎没有考虑到,地主们无非会将这项额外的代价转嫁到他们的佃户头上,从而使佃户们的生活甚至更加不堪承受。

不过马吉觉得,如果她能发明出一种棋盘游戏来演示地主和佃户之间的复杂关系,从而能教导市井小民懂得这种关系在实际中是如何运作的,那么他们就会更好地理解这种乔治主义的意识形态。1904 年,马吉获得了一项棋盘游戏的专利,她将这种游戏称为"地主游戏",其创新性在于下列几个理由:首先,游戏双方没有需要到达的"最后一格",这与西洋双陆棋以及其他棋盘游戏都不同;其次,游戏的目标,即制胜之道,是大量所有权。这正是为了牺牲他人利益来积聚大量财富,以获得资产和土地的资本主义法则。有些人会从有限的储存(经济)开始变富,并向其他人收取租金,而这最终会导致那些人破产而输掉这场游戏。正如真实生活中一样。

"地主游戏"最初受到其他乔治主义者的喜爱,但是直到 1906 年才开始生产这种棋,而且结果证明它没能流行起来,这并不令人意外。很快,这项专利权被提供给有着超过 25 年经验的成功的玩具和游戏制造商"帕克兄弟"公司,但他们认为这一游戏"太复杂"而不予受理。帕克兄弟曾在 1906 年承担制造"白嘴鸦牌",这在当时已成为美国最成功的纸牌游戏,因此他们认为自己很了解行情。尽管"地主游戏"继续作为一种教具用于经济学课堂,并且通过口耳相传也有了有限的普及度,特别是在使用手工棋盘的贵格会①群体中,但是并没有散布到全国各地。

1929 年,由于这一年发生股市大崩盘,结果导致推销员达罗(Charles B. Darrow)失去了他的工作,于是开始在费城他自己家附近从事一系列杂活。正是在那时,他注意到他的朋友和邻居们都在玩一种自制的棋盘游戏,其中涉及资产买卖。几乎可以肯定,这是马吉的"地主游戏"的一种直接衍生品,因此他决定自己对这种棋作修改。他一直在家里玩的那副是他的朋友托德(Charles Todd)从亚特兰大市带回费城的。托德解释说,棋盘上的那些街道名称和其他地点都可以在亚特兰大市找到。达罗所开发的游戏与亚特兰大市的版本完全一样,不过他还引进了表示电厂、水厂和车站的图标,此举后来将有助于"强手棋"成为世界上最著名的棋盘游戏。

不过,他还有工作要做。1933 年,当他去接洽马吉 30 年前曾接触过的同一家帕克兄弟公司时,他的游戏也因为"太复杂"而遭拒。世界正处于经济衰退期

我很高兴即将摔得鼻青脸肿的是盖博而不是库珀②。

库珀在解释他为什么拒绝出演
《乱世佳人》(*Gone with the Wind*,1939 年)主角时这样说

---

① 贵格会又称教友派,是基督教新教的一个派别。——译注

② 盖博(William Clark Gable)和库珀(Gary Cooper)都是美国电影演员,1999 年美国电影学会选出的百年来最伟大的男演员名单中,两人分别名列第 7 名和第 11 名。库珀曾经是《乱世佳人》男主角的第一人选。——译注

中,因此帕克兄弟不打算引进任何昂贵的新游戏棋。达罗并未因此气馁。1935年,在费城的一家百货公司答应试销他的游戏棋后,他策动让一位拥有印刷业务的朋友印制了5000套。随后涉及此事的每个人都大吃了一惊:在经济萧条时期,人们都爱玩一种能使他们发大财的游戏,即便只是虚幻的财富。"强手棋"的全部印件立即销售一空,并且订单很快源源涌入。帕克兄弟公司注意到这股热情,于是来与达罗接触,以实盘①报价购买他的游戏,后来据估计卖出约2亿套。

不出所料,马吉也注意到了"强手棋"取得的巨大成功,但是由于她的专利已在1921年过期,因此她对此也就无能为力了。尽管她在全国媒体上非难帕克兄弟公司,但是除了"地主游戏"外,他们还是同意在1937年再发行她的另外两个游戏,而"地主游戏"也在1939年第三次面世。不过到此时,"强手棋"已经占据了市场的绝对份额。达罗已成为一位百万富翁,并作为有史以来最受欢迎棋盘游戏的发明人而被载入史册。

你能错得多离谱?

北极问题专家巴尔肯(Bernt Balchen)在1972年6月8日的《基督教科学箴言报》(*Christian Science Monitor*)上声称,北极上空的普遍暖化趋势正在融化北极冰盖,到2000年可能会导致一个完全没有冰的北冰洋。

---

① 实盘是指出价者提出内容完整、明确、肯定的交易条件,一旦送达接受者就对出价者产生约束。如果接受者在有效期内无条件接受,就达成交易。——译注

宠物石

　　1975 年 4 月,一位努力挣扎着的自由职业广告撰稿人正在加利福尼亚州的洛思加图斯市与几位朋友一起喝啤酒。随着谈话从对于没有生意可做的闲散悲叹转移到抱怨他们的宠物,时年 35 岁的达尔(Gary Dahl)告诉在场的朋友们说,他发现猫、狗、鱼、鸟全都是"讨厌的东西",因为照料它们太费事,弄得一团糟,价格也昂贵,而且总是举止失礼。他宣称自己反倒有一块宠物石,既便宜又容易照料,而且还能给他带来数小时的消遣。他断言这是最完美的同伴。于是这群人转而开始讨论宠物石所有可能的优势,随着酒水不断下肚,这个主意变得越来越具有创造性。当天傍晚达尔就带着一个计划回家了。

　　接下去的两个星期,达尔把所有的想法集合起来,并开始编写"宠物石驯养手册",这是一份关于拥有和照料一块石头的详细指南。这本手册中包括:如何训练它玩一些小把戏,比如说"翻滚"(最好是在一个陡坡上进行练习)和"装死"(它们宁愿独自待着);如何带它去散步(放在你的口袋里)。其原想法是将这本小册子作为一本新颖的赠阅书籍发行,不过达尔更进一步,决定把实际的宠物也搭配在里面。这位作家在当地建筑商的供料场中发现了罗萨里塔沙滩石——大小均匀的圆形灰色卵石,更重要的是他可以用每块 1 美分的价格买下来。随后他开始创制一个带有几个洞和一根吸管的小卡纸箱,这样他的新宠物就准备就绪,能投放市场了。

　　到 10 月底,售价为每个 3.95 美元的宠物石销量已超过 50 万,每售出一块,加里就赚得 1 美元利润。他在仅仅两个月后就成了一位富翁,而宠物石的热潮仍然席卷全国。他的竞争对手们很快创造出"宠物石服从课程",并提供"宠物石丧葬服务"。到 1975 年圣诞节前,据估计已售出超过 200 万块宠物石,加里·达尔从他的投机生意中赚到刚刚超过 200 万美元。国内税收局无疑密切注意着。没过多久,就在 1975 年转入 1976 年的当口,宠物石热潮减缓成了涓涓细流,这股短暂的风尚过去了。不过达尔从他的广告业工作退了下来,已然是一个非常快乐的人了。

加里很快就在他的家乡开了一家名叫"嘉莉·南申"(Carrie Nation's)的酒吧,这是以著名的禁酒运动活动家的名字命名的。后来,加里组建了他自己的广告代理公司,创作了数千则广播和电视广告,以此为这家代理公司赢得了各种各样的奖项。那么宠物石呢? 我们都希望自己能有这样一个主意,不是吗?

> 电视永远不会成为广播的有力竞争对手,因为人们必须坐在那里,而他们的双眼得一直盯着屏幕。普通美国家庭没有这样的时间。
>
> 《纽约时报》,1939 年

比利·鲍勃的牙齿

1994 年,密苏里州立大学的毕业生乔纳·怀特(Jonah White)住在一个山洞里,他在那里冥思苦想"致富"计划已经超过 1 年了。这时他以前的足球教练布兰奇(Jess Branch)在他父母家给他留下一条信息。怀特曾经是一名一流足球运动员,而这条信息的内容包括邀请他返队,与他原先所在的"熊队"约谈,这支球队正接连遭遇惨败。他的母校牢记着他,而球队中更年轻的新队员们也满怀热情接纳了他。在此期间,他注意到另一位名叫贝利(Richard Bailey)的学生在充满自信地与一群女孩交谈,而他却长着一口怀特这辈子所见过的又黄又黑的最丑陋的龅牙。怀特后来回忆道:"不过这个家伙身上洋溢着十足的自信,而且像是一位健美运动员。很难相信他会如此关注自己的身体,而不是他的牙齿。"

贝利后来认出怀特是学校的一位老牌足球明星,而当他靠近怀特去与他握手时,怀特惊讶地发现他有了一口十分整齐的、干净的白牙。然后这位牙科专业的学生拿出一副丑陋的假牙并大喊道:"嗨,你喜欢我的比利·鲍勃牙(Billy Bob Teeth)①吗?"怀特和贝利立即交上了朋友,短短 3 个星期之后,怀特就廉价卖掉了他的私人财产,总共就只有一把斯普林菲尔德口径 0.45 英寸手枪,然后用卖得的钱来组建比利·鲍勃产品公司。在接下去的 3 年中,他们两人到酒吧和商场四处兜售比利·鲍勃牙,还扩大了他们的产品范围,增加了比利·鲍勃安抚奶嘴以"确保你的孩子不会被拐走"。

一路走来,尽管销售量达到了每个月增长 30%,但是人们还是反复告诉他们俩,说他们是傻瓜,并且应该去找份固定工作。怀特清楚地记得这段时光,他后来透露:"我毫不怀疑能把这个生意做大。不过我得承认,我从不知道会做得

---

① 比利·鲍勃(Billy Bob)在美国俚语中是"乡巴佬"的代称。——译注

这么大。我的目标是卖出 100 万件。99% 的人都告诉我说,我是个傻瓜,不消多时就会没有生意的。"

如今,这些丑陋的乡巴佬牙齿、婴儿安抚奶嘴和 300 多种其他产品售出了超过 4000 万件,并出口到世界上 95% 的国家。据说怀特自己拥有 5000 万美元的个人财产,和他的家人住在 900 英亩的庄园中的一幢 8000 平方英尺的宅邸中。对于一个在小木屋中长大、住过山洞,并认为难看的牙齿会是一个伟大商业构想的小伙子来说,这个结果算是不错了。

大峡谷

已知最早居住在大峡谷地区的人是古普韦布洛人，从公元前 1200 年前后到 19 世纪美国人在西部定居，他们的后裔一直占据着这块土地。普韦布洛人在公元 1540 年首次邂逅欧洲人，当时西班牙征服者来到这个区域并在此探险（他们住在西班牙人称为"pueblos"的村落里，这个词在西班牙语中的意思就是"城镇"）。当时的原住民将这个辽阔的峡谷称为"ongtupqa"，并将它视为一片圣地。几个世纪以来，他们定期前往朝圣，同时还有其他人定居在那里，住在这片地区的许多山洞里。不过，第一个到访这片土地的欧洲人卡德纳斯（García López de Cárdenas）在此搜寻传说中的西波拉七城，传闻那里满是"无限的黄金"。结果他却没有发现任何有用处或有价值的东西。他带领的团队试图下到山谷中去提取淡水，但是甚至还没能向下走到 1/3 的路程就因为耗尽了储备物资而被迫返回。人们普遍认为，他们的普韦布洛向导们必定是知道下行的安全路线的，但是却不情愿带领他们去往圣河。卡德纳斯和他的手下很快就离开了，而且此后 200 年中也没有任何欧洲人重返"Ongtupqa"。直到 1776 年，有两位西班牙神父和一小队士兵出发去寻找圣达菲和加利福尼亚州之间的道路，才又到达那里。

埃斯卡兰特（Silvestre Vélez de Escalante）神父和他的同伴多明格斯（Francisco Atanasio Domínguez）神父探索犹他州南部后，到达大峡谷并横越北部边缘，发现了一个渡口，后来被称为"神父渡口"。他们也没有逗留很久，但是在他们的考察报告中确实描述了这个辽阔的峡谷。在同一年紧随其后的还有加尔塞斯（Francisco Garcés）神父，他是一位传教士。他在那个区域花了一个星期的时间企图让当地原住民改信基督教，不过并未取得成功而离开了。他后来用"深远"两字来描述大峡谷。再接下去是帕蒂（James Ohio Pattie）带领的一群东海岸猎人，他们在 1826 年到达，同样几乎一到达就离开了，也没有发现任何有价值的东西。在 19 世纪 50 年代期间，扬（Brigham Young）派出一位名叫汉布林（Jacob Hamblin）的摩门教传教士。扬是一位教会领袖，他委任一群人来建立渡河口，并与美洲原住民们以及欧洲移民建立起"良好的关系"，而这些寥寥无几的欧洲移民已经在大致方向上踩踏出一条崎岖小路。

> 先生，你怎么能通过在一艘船的甲板底下燃起一团篝火，就让它顶风逆水航行呢？我请求你原谅我。我没有时间来听这种胡言乱语。
>
> 1800 年有人向拿破仑奉上美国发明家富尔顿（Robert Fulton）的世界上第一艘蒸汽船设计时，这位法国皇帝这样说

汉布林发现了"神父渡口"，并帮助另一位传教士李（John Doyle Lee）建起了李氏渡口。这一渡口还兼作摩门教前哨的角色，它在运营了 6 年后被一座桥取代。（李氏渡口现在是著名的钓鱼和船舶下水点，其中包括通过大峡谷的激浪漂流之旅。）汉布林后来担任美国军人、地质学家和探险家鲍威尔（John Wesley Powell）的顾问和向导，鲍威尔的著名事迹是在 1869 年带领鲍威尔地理探险队沿着科罗拉多河而下，他还是第一个坐船通过大峡谷的人，沿途遭遇了危险的激流险滩。汉布林在这个地区的时间已经有 15 年了，和当地人也熟络起来，因此在原住民和探险家们之间充当着外交官的角色，这就确保了鲍威尔和他的团队的安全。鲍威尔后来成为描述"巨大的峡谷"（big canyon）的第一人，在当地说英语的人中这个名称曾经就像"大峡谷"（Grand Canyon）一样为人所知。

1857 年，比尔（Edward Beale）带领一支探险队勘测亚利桑那州迪法恩斯堡和科罗拉多河之间的一条马车道。9 月 19 日，他的一个手下斯泰西（May Humphreys Stacy）在日志中记录下他们发现了"一个深达 4000 英尺的奇妙峡谷，人人都承认自己以前从未见过任何与此等同或相配的天工之巧"。与此同时，美

国陆军部委任艾夫斯(Joseph Ives)中尉带领一队人执行一次从加利福尼亚湾开始沿科罗拉多河"溯流而上"的航行。这队人登上一艘名叫"探险者号"的蒸汽船,在各种困难条件下坚持了两个月后,他们的船撞上了一块岩石,因此不得不弃船而去。艾夫斯随后带领他的手下沿着现在所称的,而当时是完全未知的"钻石溪"向东进入峡谷。他后来在1861年呈交给参议院的报告中提到,只有一两位捕猎者以前曾见过峡谷。艾夫斯正如他之前的其他欧洲人一样,也没有在峡谷中发现任何有趣或有价值的东西,并在他的报告中写道:"我们是到访这个无利可图的地点的第一支队伍,无疑也是最后一支。"

当然,到那时为止,大多数探险者都是在搜寻金、银或其他矿产资源。他们既没能预见到大峡谷在科罗拉多河上的位置所具有的关键价值,也没能预见到旅游业的影响,因为东海岸的居民们以及更多欧洲移民会在今后的25年中大量涌向西部。事实上,这些探险家和开拓者们对大峡谷如此不感兴趣,以至于当他们到达其边缘并往下凝视时,都认为它不过只是一道屏障而已。这是一道无法通过的裂谷,没有生命的迹象,平淡乏味,也一无可取之处。这是一个绝不会有人能定居下来,也绝不会有人特意想来游览一下的地方。

于是到1889年,弗兰克·M·布朗(Frank M. Brown)提议建造一条沿着科罗拉多河运行的铁路,可用于运输对越来越多向西迁移的移民们至关重要的煤炭和其他物资。他带着总工程师斯坦顿(Robert Brewster Stanton),再加上一小队人,开始探索大峡谷。不幸的是,由于船舶建造质量很差,而且又没有救生衣,因此布朗在靠近大理石峡谷发生的一次事故中落水淹死了。这进一步加强了这样的看法:这个地区没有任何值得一去之处。直到美国总统罗斯福于1903年到访大峡谷,情况才发生逆转。罗斯福是一位热心的、能吃苦耐劳的野外活动家,也是一位自然资源保护主义者先驱。他爱上了他所发现的一切,因此在1906年11月28日设立了大峡谷禁猎保护区。罗斯福还鼓励限制畜牧,并驱逐像狼、鹰和美洲狮之类的食肉动物,从而这片地区对游客就安全了。

随后他又在 1908 年 1 月 11 日纳入了邻近的森林和林地,宣布这块保护区为美国国家天然胜地。不过罗斯福也有众多反对者,他们以开矿者和债权持有人的身份出现,而在接下去的 11 年中成功地对抗着他的各种倡议。直到 1919 年 2 月 26 日,威尔逊(Woodrow Wilson)总统签署了一项国会法案,大峡谷国家公园才最终建立起来。自那时以来,这片仅仅在 50 年前还被认为"绝不会有人想来游览的不毛之地"而无人理会的区域,已经成为世界上首屈一指的旅游胜地,每年吸引着超过 500 万游客。事实上,这片不毛之地现在每年对经济的贡献估计达 5 亿美元。

◄你能错得多离谱?►

东英吉利大学①气候研究中心的资深研究科学家瓦伊纳(David Viner)在 2000 年 3 月 20 日接受《独立报》②的访谈时宣称:"孩子们将不知道雪为何物。冬天下雪将成为一件非常罕见而令人激动的大事。"

---

① 东英吉利大学位于英格兰,创建于 1963 年,世界 150 强名校。其气候研究中心在自然及人为气候改变方面的研究处于全球领先地位。——译注
② 《独立报》(*Independent*)是一份英国报纸,创办于 1986 年,2016 年停止发行印刷版,转为线上新闻网站。——译注

溜溜球

简单的溜溜球(yo-yo)成为一件广受欢迎的玩具已有 2500 多年了。事实上，人们广泛认为它是所有玩具中第二古老的(最古老的是洋娃娃)。在古希腊，溜溜球是用赤陶土、金属和木头做成的，球的两半通常装饰着众神的像。当古希腊小孩成长为大人时，他们通常会把他们最喜爱的溜溜球放到家里的供桌上，作为他们成人礼的一部分，以显示对这些神的尊重，也象征着他们的成熟。

在菲律宾，溜溜球被看作一件有效武器，有些款式镶嵌着长钉，并有着锋利的边缘。它们还带有长达 20 英尺的绳索，在 4 个多世纪的时间里既用来对付敌人，也用于捕捉动物。在 19 世纪的欧洲，英国人有一种相似的玩具，叫作"bandalore"，而法国人玩的则是他们的"incroyables"。不过直到最近的 20 世纪20 年代，世界上才开始有"yo-yo"这个词，那是在一位名叫弗洛雷斯(Pedro Flores)的菲律宾移民在其加利福尼亚州的小型玩具工厂里开始生产溜溜球之后。他以"yo-yo"这个名字投放市场，单词"yoyo"在他加禄语(Tagalog，菲律宾

当地语言)中的意思是"回来",不过鲜少有人懂得这些溜溜球,而且对于本质上是一种原始武器的这种东西,有兴趣的人也屈指可数。

　　直到美国发明家、企业家、邓肯玩具公司的创办人邓肯(Donald F. Duncan Sr.)在20世纪20年代碰巧看见一个溜溜球,并且在1929年从弗洛雷斯手里买下了设计版权,还在此过程中快速注册了"yo-yo"的商标,这种情况才有了改观。随后邓肯对其进行了修改,用一根滑弦代替绳索,以确保溜溜球回到手中(我却玩不来,球回不到我手中),然后他又发明了一些孩子们爱尝试的简单技巧。后来邓肯与报业大亨赫斯特(William Randolph Hearst)做成了一笔交易,他得到溜溜球的免费广告和评论,回报是举行全国竞赛,而参赛者必须承担一定数量的报纸订阅作为他们的报名费。

　　很快,全美各地都组织起了附属竞赛,小朋友们恳求亲属和邻居们订阅一份赫斯特发行的通俗小报,这样他们就能加入比赛。这种策略奏效了,很快各个年龄层次的人们都在随时随地练习他们的溜溜球技巧。没过多久,邓肯工厂的产量就达到了每小时超过3500个溜溜球,而在一轮特别的媒体造势之后,在1931年间单单一个月的销售量就达到了令人难以置信的300万件。不过,正如笑话里所说的一样,溜溜球销售量是出了名的不可预测,而且还一会儿上一会儿下。但是一般而言,销售量还是持续上升,并在1962年达到了一个极度的顶峰值,当时溜溜球仅在那一年中就卖出了4500万件。即使如此,邓肯鲁莽的广告和冒险的行销策略意味着这个公司入不敷出。3年后,法院裁定溜溜球这个词已成为通用语言的组成部分,因此不能再归一个品牌所有,于是邓肯失去了这一商标。此后不久,邓肯申请破产,并将他溜溜球所得的股份卖给了火炬塑料公司。他成了自己取得的成功的受害者,如果说他曾经成功过的话。

　　所幸,这并不是邓肯故事的最终结局,因为他在1936年用他在溜溜球销售中早期所获得的部分利润,开始试验停车计时表的设计,类似的计时表前一年在俄克拉荷马州首先获得成功应用。邓肯在任何时候都是一位企业家,他投放

市场的那些设计如此时髦新颖而又独具创意,以至于到他 1959 年卖掉邓肯停车计时表公司时,安装在全世界各地的全部停车计时表中,有 80% 是该公司生产的。因此下次当你在巴黎、伦敦或者任何大城市停车时,请注意一下计时器,看看它是否带有邓肯的标识。如果有的话,那么为了你的停车罚款,你就得感谢一种古老的菲律宾狩猎工具。

最初被当成馊主意而遭到拒绝的轰动电影

《星球大战》

难以想象,当以一部《美国风情画》(*American Graffiti*,1973 年)初尝成功滋味的年轻电影制作人卢卡斯(George Lucas),带着关于一部新电影的想法的两页叙述接洽环球电影公司和联美公司时,他遭到了断然拒绝。请注意,这部电影曾要被称为"摘自威尔斯日志的星际杀手路克的冒险,第一部:星球大战"(Adventures of Luke Starkiller as taken from the Journal of the Whills, Saga Ⅰ: The Star Wars)。这份建议提纲的开头如下:"这是一个关于温迪(Mace Windy)的故事,欧弗奇星球一位深受尊崇的绝地本杜,由著名绝地武士的帕达瓦学徒索普(C. J. Thorpe)把他与我们联系在一起。"有谁在心智正常的情况下会拒绝这样的提议呢?据传说,甚至卢卡斯本人对这个想法也并非那么热衷,反而想要重新制作 20 世纪 30 年代的科幻系列《飞侠戈登》(*Flash Gordon*),但是另外有人胜过他拿到了拍摄权。

因此,卢卡斯拿着甚至他最亲密的朋友们都承认看不懂的 200 页剧本,在好莱坞各大制片厂兜售他的电影,最终 20 世纪福克斯公司决定冒险投资 850 万美元,这在电影制作界中是一笔很有限的金额,即使在那个时代也是如此。于是卢卡斯集合起一批演员和特效专家飞往英格兰,并在 1976 年 3 月 22 日开始拍摄。不出几个月,预算已经花掉了一半,而这组人马已经拍摄好的还只有三个有用的场景。音响效果在当时的情况可想而知,包括为了模拟死星爆炸而将一个冰箱扔到地上。很快剧组人员就公开嘲弄这个想法了,拒绝超时工作,并擅自休息,而这些就意味着制作成本猛增。

这部电影一经完成，20 世纪福克斯公司看了一眼就意识到，他们手上拿的是一部昂贵的惨败电影。人们对于这类电影完全没有胃口，各电影院线也拒绝放映。福克斯公司主管们的反应是，如果各影院打算得到观众迫切期待的《午夜情挑》(The Other Side of Midnight)，就必须放映《星球大战》(卢卡斯被说服将题目缩短)，而《午夜情挑》计划安排在那一年的晚些时候上映，人们广泛预测它将会票房大卖。一些小型电影院的经理大发慈悲，于是《星球大战》最终只在39 个地点开演。20 世纪福克斯公司唯一希望的只是至少捞回一点钱，然后等着这一年晚些时候他们的"票房保证"。即使在这个时候，事情还是这样发展着，导演卢卡斯仍然深信这是一部失败的电影，而当他向朋友们展示这部电影时，他们也都同意他的看法。所有人都不看好《星球大战》，除了那一位新近造成轰动的《大白鲨》(Jaws)一片导演斯皮尔伯格(Steven Spielberg)以外，他确信《星球大战》会获得良好票房。

卢卡斯仍然不认同，甚至没有拨冗参加首映式，他和斯皮尔伯格反而都飞出去度假了。根本没有任何人预测到首演之夜口口相传造成的热情，会导致第2 天那全部 39 家电影院门口都排起了长队，队伍都绕过了街区。随之而来的那种国际炒作是任何艺术家都不敢梦想的。《星球大战》不久就取得了超过 7.5亿美元的票房收入，而且就其相关商品和续集来说，已成为一项价值数十亿美元的产业。这项价值数十亿的产业是甚至包括主创者在内的任何人都不曾思忖过的。

《加勒比海盗》

1986 年，充满争议的电影导演波兰斯基(Roman Polanski)设法说服一些可怜人儿给了他 4000 万美元的预算，来制作一部由马托(Walter Matthau)主演的海盗电影，并且够有想象力地称之为《海盗》(Pirates)。这部电影在消失无踪之前，赚回了大约 800 万美元的票房收入。10 年后，好莱坞再次放手一搏。为什么不呢,海盗总是流行题材,对吗? 这一次,《割喉岛》(Cutthroat Island)的制作成本是 1 亿美元,票房收入却只收回了 1000 万美元。它得到的唯一荣誉称号是被《吉尼斯世界纪录大全》承认为"有史以来最大的票房惨败"。甚至布偶们也以其成功的全球品牌,凭借《布偶金银岛历险记》(Muppet Treasure Island)一片成功收回了 3400 万美元。不过由于他们的演员片酬开支低,因此他们确实赚到了利润。并且后来迪斯尼又在 2002 年出品了《星银岛》(Treasure Planet),这部电影设法做到了只损失 3000 万美元。真是不幸中之大幸。

由于近期像这样的业绩记录,因此我们也就能原谅电影制作人在几十年的时间里都想避免海盗电影了。我们都够感到奇怪的只是,是迪斯尼的什么,或者是谁,又设法说服他们去与那些精打细算的人接洽,并且要到了翌年另一部海盗电影所需的 1.4 亿美元。所有人都持反对意见,没人认为这是一个好主意。甚至领衔主演的建议人选也被认为过于冒险,因为德普(Johnny Depp)的前两部电影《哭泣的男人》(The Man Who Cried)和《黑夜降临前》(Before Night

Falls)的票房回报都完全不能与《加勒比海盗》提出的预算相比。事实上,它们加在一起的总收入大约只有 1000 万美元。在某些人看来,似乎迪斯尼是要故意设法靠海盗电影来赔钱。而实际情况却是,《加勒比海盗:黑珍珠号的诅咒》(*Pirates of the Caribbean: The Curse of the Black Pearl*)获得了超过 6.5 亿美元的票房收入,而这只是有史以来最卖座电影系列之一的开始。迪斯尼公司里必定有一些主管对此并不感到意外,但是其他所有人都大吃一惊。请注意,迪斯尼王国是完全建立在这些类型的风险之上的。

《夺宝奇兵》

20 世纪 70 年代期间,在年轻的电影制作人卢卡斯和斯皮尔伯格凭借《大白鲨》和《星球大战》联手取得巨大成功之后,他们俩完全有资格期望好莱坞的各制片厂会排队等候,与他们联合冒一次险,而这是他俩私下曾设想过的。从纸面上看来,《夺宝奇兵》(*Raiders of the Lost Ark*)具有所需要的一切。一部混合着动作和幽默的像样剧本,两位具有票房号召力的导演和强大的演员阵容。不过制片厂主管看来对于这样一个故事并不特别感兴趣:讲述一位搜索遗迹的考古学家,时间则设定在第二次世界大战前不久。问题之一可能是由于斯皮尔伯格已经拍摄了他的前一部设置在第二次世界大战期间的电影《1941》。《夺宝奇兵》遭到了几乎所有好莱坞大制片厂的拒绝,他们不接受的理由是"太昂贵"而不值得一拍。

最终派拉蒙电影公司介入了,尽管斯皮尔伯格和卢卡斯声誉日隆,但是派拉蒙只同意为这项计划提供总计 1800 万美元资金。对于这两位刚刚从《大白鲨》和《星球大战》赚回了 13 亿美元的电影制作人来说,1800 万是一个微不足道的数目,可是前两部有史以来最宏大的电影加在一起的预算才只有 2000 万美元。为了节省开支,斯皮尔伯格在英格兰的埃尔斯特里拍摄这部影片,每个场景都以最少拍摄次数完成。其结果是,这部遭到所有好莱坞制作人拒绝的电影,如今被认为是电影制作中的杰作,票房收入总额接近4亿美元。

《白雪公主和七个小矮人》

"我有一个想法,"有一位聪明人有一次这样说道,"我们用那些古老的德国童话故事作材料,来制作一部动画长片怎么样? 我指的是大约120年前格林兄弟的那些广受欢迎的童话故事? 我们可以将预算提高到比我们整个公司的价值还要高得多,把这些钱全花掉,然后看看会发生什么。以前仅有的一次尝试,结果是全线失利,票房惨淡,根本不卖座。所有人都痛恨动画长片。因此让我们来做这件事吧。"他们必定都大笑不止。事实上,我们对于1936年的那次迪斯尼主管会议上所说的事情一无所知,但我们可以臆断并不是所有人都在嘲笑。因为1937年12月21日,《白雪公主和七个小矮人》(*Snow White and the Seven Dwarfs*)在好莱坞圣维森特大道的卡塞环形剧院首映。

在挥霍掉将近150万美元制作费用后(请记住,当时好莱坞一套六居室宅邸的价格大约是6000美元),这部电影已经被当作"迪斯尼干的蠢事"而被人嗤之以鼻,而且迪斯尼(Walt Disney)的妻子和兄弟都曾设法劝说他不要制作这部电影。迪斯尼自己也如坐针毡,他全然不知道如何去发行这部电影,也不知道票价该定多少。最后,卓别林给他看了他自己的那些成功电影的报告,以作为参考。到这个时候,迪斯尼也许还不如去往拉斯维加斯,把他所拥有的一切都压在"红与黑"的赌桌上算了。接下去在1938年2月4日,《白雪公主》开始在全国上映,仅仅在前几个星期就为迪斯尼赚到了800万美元。它很快成为当时利润最高的有声电影,而且变得如此大受欢迎,以至于每当迪斯尼公司需要钱的时候,他们就把《白雪公主》重新发行一次。他们在1944年、1952年、1958年、1967年、1975年、1983年和1987年都这么干过。1993年再次发行时,这部56岁的老电影直接挤进了票房排名前10位。迄今为止,《白雪公主》已经以150万美元的投资成本为迪斯尼赚了差不多5亿美元,并且这部电影在第一轮

影院发行期间,就卖出了 1.09 亿张票。按照今天的价格来算,这将使它成为电影史上取得经济上最大成功的电影之一。更不用说由此孕育而成的整个动画电影业。

> 我必须承认,我实在想象不出潜水艇能做什么,除了令它的船员们窒息,以及在海里挣扎。
>
> 英国科幻小说作家威尔斯

《回到未来》

1981 年,编剧和制作人盖尔(Bob Gale)有一个他认为是那个时代最完美的电影剧本。当时青少年喜剧如此流行,以致盖尔确信自己胜券在握。然而,哥伦比亚电影公司却认为这个剧本过于老少咸宜了,因此不可能成功,于是拒绝了这个想法。盖尔后来回忆道:"他们认为这真的是一部美好、可爱、温暖的电影,但是性的成分不够。他们建议我们把它送到迪斯尼,不过我们还是决定先看是否有其他哪家大型电影制片厂会想要与我们分一杯羹。"盖尔面临的问题是,他们全都不想要。不出所料,迪斯尼的裁定是,一个小孩重返过去,目的只是为了让他的母亲不切实际地爱上他,这种情节对于迪斯尼的一家老少都咸宜的家庭品牌而言是不合适的。

这部电影看来是要束之高阁了,直到其导演泽梅基斯(Robert Zemeckis)在 1984 年以《绿宝石》(Romancing the Stone)一片大获成功,这项计划才开始与环球影业联系起来。不过即使是在拍摄的初期阶段也进展缓慢,而且只拍了 4 个星期后,泽梅基斯就决定必须重新选角。这个决定会增加 300 万制作成本,但是为了保证福克斯(Michael J. Fox)出演,这位导演在遭受 4 年的拒绝之后,觉得已准备好要重新开始拍摄了。1985年《回到未来》(*Back to the Future*)放映时，以1900万美元的预算赚回了近4亿美元，并成为那个10年里最为成功的电影之一，赢得了各种各样的提名和奖项。甚至在美国总统里根1986年的国情咨文中也提到了这部电影。

《小鬼当家》

因为缺一枚钉子……结果失去了王国①。谚语大约是这样说的。在《小鬼当家》(*Home Alone*)拍摄期间也发生了与此类似的事情，这部电影所拿到的制作预算是1400万美元。在拍摄后期，导演克里斯·哥伦布(Chris Columbus)恭恭敬敬地回到华纳兄弟电影公司。他要求追加300万美元来以他所想的方式完成这个拍摄计划，结果制片厂主管们直接让他卷铺盖走人。他们拒绝再多投资1分钱。随后哥伦布打电话给他在20世纪福克斯公司的联系人并问他们："你们想要这部影片吗?"显然，福克斯公司只花了20分钟就做出了肯定的决定，于是他们同华纳兄弟公司商讨达成了交易，由他们来接管这个计划。

具有讽刺意味的是，这部电影在首映的周末就赚到了恰好1700万美元，然后再接下去的12个星期中蝉联票房冠军。到《小鬼当家》在影院里放映结束时，票房收入已达到近5亿，并成为有史以来票房纪录的第三名。包括接下来几部续集在内，其特许经销额超过10亿美元。而华纳兄弟公司或者任何其他人节省下那300万美元很可能是最糟糕的一件事。

---

① 这段话是一段韵文，全文是"For want of a nail the shoe was lost. For want of a shoe the horse was lost. For want of a horse the rider was lost. For want of a rider the message was lost. For want of a message the battle was lost. For want of a battle the kingdom was lost. And all for the want of a horseshoe nail."意思是："因为缺一枚钉子，失了马蹄铁。因为缺一个马蹄铁，失了战马。因为缺一匹战马，失了骑士。因为缺一位骑士，失了情报。因为缺一条情报，失了胜仗。因为缺一次胜仗，失了王国。而这一切全因缺一枚钉子。"——译注

《低俗小说》

哥伦比亚三星电影公司认为《低俗小说》(*Pulp Fiction*)的电影脚本是"有史以来所写的最差的东西。内容完全没有意义。某人死了,然后他们又活了过来。太长,太暴力,无法拍成电影。"至少这是作者之一艾瓦里(Roger Avary)所记得的对话。当哥伦比亚电影公司老板梅达沃伊(Mike Medavoy)下结论说它"太疯狂,没法冒险一试"的时候,艾瓦里想:"好吧,那么这件事就到此为止了。"这项提议立即带来了转机,这意味着它可以卖给另一家电影制片厂了。不过,这部片子的导演塔兰蒂诺(Quentin Tarantino)在1992年凭借《落水狗》(*Reservoir Dogs*)一片取得的成功,鼓励米拉麦克斯电影公司的温斯坦(Harvey Weinstein)批准了这个项目。温斯坦对于这部电影中吸食海洛因和无端暴力的描绘,以及起用过气明星构成的演员阵容并不感到忧虑,于是《低俗小说》成为这家电影制片厂被迪斯尼公司并购后所签的第一份合约。

这部电影在1994年10月14日发行后,塔兰蒂诺获得了奥斯卡最佳改编剧本奖,他与艾瓦里分享了这一奖项,他还被提名为最佳导演。这部电影还得到另外5项提名,并在这一年的早些时候获得了戛纳电影节的金棕榈奖。它还帮助几位主演塞缪尔·L·杰克逊(Samuel L. Jackson)、威利斯(Bruce Willis)和特拉沃尔塔(John Travolta)重新焕发职业生机。最后还有小事一桩,那就是它为米拉麦克斯电影公司微不足道的800万美元投资轻轻松松地赚回了2.2亿美元。

虽败犹荣

爱迪生

爱迪生的老师们告诉他,他太愚蠢了,什么都学不会。他的前两份工作都因为没有成效而被解雇,他的著名事迹是经过 1000 次失败的尝试才制作出一个电灯泡。后来有人问他,失败 1000 次是什么感觉,他的回答是:"我没有失败过。电灯泡是分 1000 步发明出来的。"

弗洛伊德

弗洛伊德(Sigmund Freud)第一次向欧洲科学界介绍他的那些理论时,受到了台上的嘲笑和揶揄。因此他回去继续他的研究,后来当他再度亮相时,他已成为心理分析这门学科的开山鼻祖了。

温斯顿·丘吉尔

温斯顿·丘吉尔（Winston Churchill）在入学初期没能获得及格成绩,后来当他进入久负盛名的哈罗公学①时,他被安排在最低班级的最低能力组。随后他又两次没能通过桑德赫斯特皇家军事学院的入学考试,而当他最后通过后,他被安排在骑兵队而不是步兵队,这是因为这样他就不需要懂任何数学。他的战地记者职业由于他的语言障碍或者说口齿不清而历经磨难,他在第一次试图竞选国会议员时也遭到了挫败。他很快就被取消候选人资格,因此不得不在1906 年去奋争另一个席位。后来他刚当选,就因为提议了 1915 年那场损失惨重的加里波利之战而被海军部扫地出门。从 1931 年开始,丘吉尔发现自己已处于政治在野状态,实质上已经完全离开了政界。不过,正当他在考虑退休时,法西斯主义和欧洲共产主义的崛起将他又卷入政治的中心。丘吉尔在 62 岁首次出任首相,继而被视为有史以来最伟大的英国人之一。他后来写道:"绝不屈服,绝不屈服,绝不,绝不,绝不。不向任何事物低头,无论巨细,无论举足轻重还是微不足道。绝不屈服。"

---

① 哈罗公学是英国最负盛名的私立学校之一,创立于 1572 年,招收年龄在 13—18 岁之间的男生,入读的多为本地区以外的富家子弟。——译注

林肯

　　林肯(Abraham Lincoln)接受过一段非正式的乡村教育,算得上是上课的时间总共相当于大约 1 年,授课老师是几位冷漠的、不符合资格的老师。他在 22 岁离开家后的第一份工作是驾驶一条商用木筏,沿着密西西比河顺流而下,从新塞勒姆到新奥尔良。他不得不步行返回。他以上尉的身份参加伊利诺伊州民兵,而经过黑鹰战争①回来时却成了一名地位低下的列兵。他学习过法律,但是缺乏成为一名律师的气质,从而转投政治,他第一次参选的结果在 13 名候选者中排名第 8。他试图获得国会议员提名时再遭败绩,他竞争土地总署专员的努力也被驳回。1854 年,他竞选参议员失利。两年后,他帮助共和党完成了改革,却没能被选为其副总统候选人。1858 年,他又一次竞选参议员失利,于是给他的一位朋友写信说:"我现在是活着的最悲惨的人。如果把我现在的感受平均分配给全人类,那么地球上就不会有一张欢乐的脸。"1860 年,他当选美利坚合众国总统,随后战争几乎立即爆发。而当战争以林肯大获全胜刚刚告终时,他的妻子描述他是"第一次感到快乐"。数周后,他被子弹击中头部。

---

①　黑鹰战争(1831—1832 年),美国正规军、民兵和印第安人盟军在伊利诺伊州、威斯康星州与美洲原住民之间的战争,由黑鹰率领的原住民最终失败。——译注

苏格拉底

苏格拉底(Socrates)如今被赞誉为西方哲学的创始人。在他那个时代,他被加上了年轻人腐蚀者的臭名。他在一生中被描述成一个小丑,教他的学生们欺诈,而他的那些想法和理论常常与当时所公认的至理名言相抵触。他甚至似乎还批评民主本身,并对那些公认的哲人淡然处之,因为他们"所知无几"。他公开批评当时雅典社会的知名人士,令他们显得愚蠢,并谴责他们贪污腐败。后果是,他遭到逮捕,并以腐蚀雅典人思想以及不相信其国家的诸神而定罪。法庭要求他提出对自己的惩罚方式,而他建议由政府付他工资以及终生免费吃饭。结果是他被判处服毒自尽,即他自己服下毒芹汁而死。

弗雷德里克·W·史密斯

弗雷德里克·W·史密斯(Frederick W. Smith)是世界上最大的快递公司之一——联邦快递的创始人和董事长。他在孩提时由于一种罕见的骨骼疾病而致瘸,不过他恢复的情况足够好,到 15 岁时已成为一名敏锐的飞行员。他在耶鲁大学学习经济学期间写了一篇论文,其中概述了在计算机信息时代下隔夜送达服务的想法。据说他得到的成绩是 C,他的教授对他说,要获得更高的分数,他的想法至少得行得通。这篇论文后来成为世界上第一篇、也是最成功的隔夜快递公司商业计划。

福特

　　福特受过的教育不多,而且事实上也没有真正发明汽车,当然也没有发明发动机或者其燃料。实际上,我们很难相信在创建他自称为开创了摩登时代的这家公司时,他已经 40 岁了。福特天生是一个好奇的男孩,他从 1891 年开始在爱迪生照明公司工作,就展示出强烈的进取心,以致不出两年就被晋升为总工程师。在这个职位上,他能够将一些时间用于他的巨大热情所在的事,即发动机和汽车。发动机和汽车是他在一次去往底特律之旅中初次获悉的。福特对于杜里埃(Duryea)兄弟在 1896 年初首先尝试造出以汽油为动力的汽车深深着迷,于是决心回到他的工作间造出他自己的样机。他第一次努力的成果是福特四轮车,这实质上就是并排的两辆自行车,用一个粗糙的发动机提供动力。7 月 4 日晚上,福特实现了他的第一次成功试车,不过要到 3 年后,他才能为他的商业冒险找到一位资助人。他们在 1899 年共同创建了底特律汽车公司。

　　可悲的是,虽然福特知道如何建造汽车,却不能造出足以获利的数量,因此他的投资者失去了信心,这家公司仅仅一年后就关门大吉了。不过福特并没有气馁,他有了一项建造赛车的新计划。他将此举看成是在全国范围内筹建他的公司的唯一出路,而在短短的两年时间内,他就成功地让他的第一辆汽车参加了比赛。这为他吸引了一些新的投资者,于是亨利·福特公司在 1901 年 11 月成立。不过,在与其他主管们发生争执后,福特于 1902 年辞职,而他的前同事们转而组建了凯迪拉克汽车公司。福特作出的反应是与一位煤炭经销商马尔科姆森(Alexander Malcomson)筹建一家新的合伙公司,以全新的姿态开始制造汽车。不过,这家公司很快就陷入了困境,他们欠约翰·道奇(John Dodge)和霍勒斯·道奇(Horace Dodge)所拥有的机械公司的债务达到 16 万美元。道奇兄弟索要款项,但是由于基本没有收回的机会,因此他们接受以汽车公司的股份来代替。这家汽车公司随后在 1903 年更名为福特汽车公司。这一年的 7 月，在经历 7 年失败之后，福特将他的第一辆汽车卖给了芝加哥的一位牙医，并在第一年中就获得了超过 500 辆的销量，且已经在开发"B 型"车了。

在接下去的 5 年中，销售额保持不温不火的状态。这种情况直到 1908 年才发生改变，当时福特成功地造出一辆便宜到足以投放大众市场的车，他称之为"T 型"车。还要再过 5 年，福特才解决了产量有限的问题，方法是发明了他所称的"生产线"。于是数千辆 T 型车开始离开工厂，去满足日益增长的需求。不出一年，T 型车销量就达到了 25 万辆以上，而到 1918 年，美国半数汽车都是福特车。他在晚年回顾了自己的早期努力，并总结说："失败为你提供重新开始的机会，以更加明智的方式开始。"福特也许并没有发明汽车或发动机，不过他确实开创了一项产业，而在这项产业的引导下会产生道路建设、加油与维修站、快餐、石油和交通堵塞。到福特去世时，他很可能已成为 20 世纪最具影响力的人物。

迪斯尼

　　迪斯尼从一开始就被认为是注定要失败的。他是一个资质平平的学生,只显示出对艺术方面的兴趣,以及后来对歌舞杂耍和早期电影的兴趣。他的第一份工作是被一位报纸编辑解雇的,因为那位编辑认为他的绘画缺乏想象力。于是他不得不在银行业工作,直到他设法找到一份卡通绘画师的职业,但是那家工作室很快就破产倒闭了。在 19 岁那年,他与一位朋友组建了他们自己的美术工作室,而这家工作室稍后不久也被迫关门。两年后,他再次尝试,并设法与纽约的一家发行公司敲定了一笔交易,承诺推销他的作品,但是只能在 6 个月后再付款。他曾一度贫穷到要靠吃狗粮维生,并不得不再次放弃而去寻找有薪水的职业。当他最终在 1926 年设法创造出他自己成功的卡通角色(兔子奥斯瓦尔德)时,他试图与发行公司(环球影业)重新协商交易内容,以获得更高的报酬,结果只是被告知:他已经签字画押,放弃了他对这个角色的版权,而且制片厂雇用了其他几位画家来继续这一系列。

翌年,他创造了米老鼠的形象,结果米高梅影业告诉他,这个主意荒唐可笑,因为没有人会想要在银幕上看见一只大老鼠。他会把女士们吓坏的。在接下去的 15 年中,《三只小猪》(*The Three Little Pigs*)遭拒,《白雪公主和七个小矮人》一开始就遭到嘲笑,而《匹诺曹》(*Pinocchio*)的制作则因为没人能认同一个不诚实的、行为不端的少年而停了下来。《小鹿班比》(*Bambi*)由于不合时宜而遭到摒弃。迪斯尼的职业生涯中好几次破产,阿纳海姆市在拒绝他的主题公园提案时甚至告诉他,这个公园只会吸引人渣。然而,纵观迪斯尼遭遇的所有拒绝和失败,他仍然作为历史上最伟大、最赚钱的动画师而被铭记。他 1966 年去世时已拥有惊人财富,还有可以堆满一间储藏室的奥斯卡金像奖。

伍尔沃思

伍尔沃思(Frank Winfield Woolworth)十几岁时曾在一家杂货店里做仓库保管员。店主告诉他说,他"缺乏意识",因此不许他为顾客服务。在被限制于后屋中的时间里,他想到了这样的念头:开一家每件商品都标价仅5美分的商店。1878年,他借了300美元,开了他的第一家5美分商店,但是不出几个星期就失败关闭了。1879年他再次尝试,但这次扩展了他的想法,又纳入了10美分的商品。到1911年,伍尔沃思公司的贸易网点已有近600个,而到1919年他去世时,他的公司价值将近今天的10亿美元。

> 虽然从理论上和技术上来说,电视机也许是可行的,但是从商业和金融方面来看,我认为这是不可能的,我们不要浪费什么时间去梦想开发这种东西了。
>
> 美国无线电先驱、真空管发明者德福雷斯特,1926年

工商业

原油

在 19 世纪期间,随着工业革命开始改造欧洲和美洲,出现了一类新的、强大的商人,他们是从 18 世纪粗鲁凶暴的磨坊主和种植园主演化而来的。这些现代的大亨圆滑世故,但是野心和固执不亚于他们的先辈们。房地产、铁路、钢铁、建筑,甚至篱笆都成为有钱有势者的产品。不过在所有的这些产品中,偏偏原油要到 19 世纪过半时,才在精英产业中占据一席之地。然而,情况就要发生改变,而且真的是非常快。

1845 年左右,一位美国商人及发明家基尔(Samuel Martin Kier)注意到,他的盐井正逐渐遭到一种油性物质污染。当他的手下在钻探盐这种值钱的调料和防腐剂时,那些油性物质就从岩石中渗出。一开始,他命令工人们将这种讨厌的物质倒入附近的一条水道中。不过当其中一个池塘着火时,基尔立即看到了这种"石油"(这是他为其发现所起的名字)的可能用途。对于基尔来说,这很简单。直到那时,在全美各地所有照明灯中所使用的主要燃料是鲸脂,这是一种昂贵而且有限的资源,因此基尔雇用了一些化学家用他的新发现做实验。到 1848 年,他将他的产品重新命名为"塞内卡油",并将其作为润肤油膏出售,不过结果证明这一产品并不受欢迎,也不成功。第二次尝试的结果只是稍受欢迎一些。不过他的"石油胶"产品由于日渐流行而很快被行销到全美各地。亲爱的读者,你也曾用过这种产品,因为这种产品现在叫作"凡士林"。如果你曾经对于它的标签上为什么印有"石油胶"的字样感到疑惑,那么现在你知道了缘由。

除此以外,基尔仍然将注意力集中于这种想法:石油燃烧缓慢,因此他将其视为越来越昂贵的鲸脂的一种替代品。到 1851 年,基尔建起了一座精炼厂，为采矿业生产安全的新油灯，不过取得的成功并不大。当时，由于渗出的石油资源有限，因此基尔似乎对这种想法逐渐厌倦了，以至于他都没为他的新产品注册任何专利。不过在1857年，他的两位总经理毕斯尔（George Bissell）和埃弗利思（Jonathan Eveleth）听说宾夕法尼亚州泰特斯维尔市附近出现了一口石油池，于是他们俩被派去调查。他们在那里的旅馆里邂逅了德雷克（Edwin L. Drake），他是一位退休的列车长，与他的家人一起定居该市。毕斯尔和埃弗利思对这位新结识的朋友印象深刻，于是雇用他去环游全国调查其他石油池，这很大程度上是出于他拥有免费铁路乘车证这一有利条件。这时他们已经知道这种产品有市场，前提是要能找到足够多。

1858年春天，德雷克来到了现在名叫"油溪"的地方，当时这只是宾夕法尼亚州克劳福德和阿勒格尼两县之间的阿勒格尼河的一条45英里长的支流。这片区域以前曾经被钻探过，当时的目标是盐和淡水。当石油出现时，没有人真的知道怎样去利用它，于是他们就转移到了新的地点。不过，德雷克在调查了这片区域，并进行了某种只有退休的火车查票员才能做的那种地质勘查后，他决定采取盐井钻探者的技术，即使用以蒸汽机为动力的钻子去钻取他深信就在地表下面的石油。这个决定导致了石油业有记录以来最著名的引语之一，当时他试图雇用的第一组工人的领班对他说："钻井找油？你的意思是钻到地下企图找油？你疯了。"在那之前，这类事情正是钻探者们一直在设法避免的，因此这位领班收拾起他的设备离开了。

一支新队伍终于召集起来了，并且在1859年夏天开始钻探，不过他们很快就遇到了松散碎石表面不断崩塌并使钻头停转的问题。德雷克将一根铸铁管与钻头一起钻入地下，以避免进一步坍塌和渗水，从而克服了这个问题。即便如此，钻探进度仍然缓慢得令人痛苦，速度只有每天3英尺。钻探队开始失去动力，旁观的人群聚集起来揶揄这件事情，把它蔑称为"德雷克的蠢事"。而且令人难以置信的是,塞内卡石油公司抛弃了这个项目,把德雷克丢给了他自己的那些装置。经费很快就耗尽了。不过由于其他人的帮助和慷慨,德雷克一直坚持到 1859 年 8 月 27 日,此时钻头已到达 70 英尺的深度,并碰到一处裂缝。钻探队又一次收拾工具,结束这一天的工作。但是当总工程师比利·史密斯(Billy Smith)第二天早晨来工作时,他惊奇地看到石油正缓缓地通过井道向上涌出。这些石油很快靠手动泵入一只旧浴盆,而这个日期也就作为"疯子首次打到了石油"的一天而被永远铭记。

第二天早晨,其他勘探者都使用了德雷克的方法,即从一根管子里钻探,以防止坍塌(钻探者们到现今还在使用这种方法)。一开始,德雷克每天出产 45 桶石油,全部都送往基尔的精炼厂,然后作为灯油销往全美国各地。不出 10 年,每天精炼的油就达到了 16 000 桶,而德雷克也被誉为现代石油工业之父。不过,他的商业敏锐度没能与他的发明热情相称,他没去为他的钻探发明申请专利,并且由于几次判断失误的投资而损失了所有以前赚到的钱,因此到 1863 年德雷克和他的家人已变得穷困潦倒,几乎一贫如洗。最后,宾夕法尼亚州在 1872 年奖励这位老人 1500 美元的年收入,以表彰他创建了石油产业。

要不是德雷克当周围所有人都放弃了寻找或使用石油的想法时,还坚持着开发出这种将会带来巨大权势和财富的资源,那么紧随其后的那些商业大亨们也就不会享有这些资源了,这些大亨包括福特、洛克菲勒(J. D. Rockefeller),以及随后在得克萨斯州出现的大部分石油大亨,还有中东地区也是如此。事实上,如果没有德雷克的话,世界上的全部石油工业很可能都被局限于一罐罐小小的凡士林,而鲸也可能已经灭绝。关于德雷克本人,他于 1880 年 11 月 9 日在宾夕法尼亚州的伯利恒市去世,并与他的妻子一起埋在泰特斯维尔,旁边建起了一座精致的纪念碑以铭记他。

你能错得多离谱?

《20 世纪发明》(*20th Century Inventions*)的美国作者萨瑟兰 (George Sutherland)在 1900 年说道:"19 世纪期间,在潜水艇和 空中航行这两个问题上误入歧途的创新所耗费的总量,会是向 未来研究我们技术进展的历史学家们提供的最为古怪和有趣 的课题之一。"

克林顿的沟渠

　　在独立战争结束后的那些年，美利坚合众国开始鼓励来自全世界各地的移民们向西迁移，以帮助"新世界"实现人口增长和建设开发。还有更多人来到此地是因为他们别无选择（参见"土豆"一节）。随着拿破仑战争肆虐整个欧洲，政治和宗教难民涌入前英国殖民地的各个港口。他们得到允诺，在那里会有土地、自由和无限的机会。移民们从东海岸向西推进，越来越深入这片大陆，建起农场和宅地。不出几十年，移民们已经如此深入腹地，以至于他们开始觉得自己远离人烟而离群索居。农民和皮货商们发现，用牛车把他们的产品运到各大城市可能要花上几星期的时间。早在 1785 年，华盛顿（George Washington）总统就在寻找方法，想利用波托马克河作为连接西部的航道。

　　往北方，有好几种连接纽约港和五大湖的路径的提议，包括建一条从安大略湖到哈得孙河的运河。不过似乎没有人能为建这样一条运河的必要性提供合理的理由，更不用说投资这样一个项目了。纽约州日内瓦市的面粉商人霍利（Jesse Hawley）一直在使劲沿着尘土飞扬的马车道搬运他的产品，这些马车道构成了当时的商业贸易路线。1807 年，他发现自己已经破产，并且因为负债而身陷囹圄，他要在狱中受近两年的折磨。霍利在监狱中开始用"海格力斯"①的笔名写一些短文，颂扬一个将伊利湖连接到哈得孙河，随后再连接到纽约市的人造运河网络的各种优点。最终，霍利的这些文章开始出现在《杰纳西信使报》（Genesee Messenger）上，其中提供了详细而雄辩的论证，说明为什么这样一个项目对小至纽约州、大至整个国家都会产生巨大的利益。尽管结果证明某些人认为霍利的这些想法还是可信的，但是大多数人还是觉得这些是"疯人疯语"而嗤之以鼻。其中

---

① 海格力斯（Hercules）是古希腊神话中一位具有超人力量和勇气的英雄，完成了强加于他的 12 项艰巨任务。——译注

的原因不难看出。

1807 年,新建的美国成立还不足 30 年,并且仍然在为独立而付出代价(用商业的术语来说),一名小镇面粉商人在提议让富裕的纽约市民为一条 87 英里长的人造运河掏腰包,其目的只是为了将一小片乡村地区与这个大城市连接起来。而这只不过是开始。完整的工程将长达 360 英里,并需要穿过坚硬的岩石,在山谷和现存的河流上方建造高架桥,以及安装 50 多个水闸,以对付海平面与伊利湖之间 200 米的落差。杰弗逊①总统认为这个计划"与疯狂只差一步之遥"而将其驳回。不过自己也有野心成为总统的纽约州州长克林顿(DeWitt Clinton)却另有打算。尽管反对、嘲弄多多,甚至还有威胁,克林顿还是设法说服参议院批准了这个项目,并提供了 700 万美元的预算,这笔款项在 1807 年是一个天文数字了。报纸立即对这个想法嗤之以鼻,并把这个项目称为"克林顿的大沟渠"或者"克林顿的蠢事"。换言之,这完全就是浪费金钱,纯粹是州长一个人的放任。纽约市民们狂怒不已。

纵使反对声如此强烈,并且当时在美国甚至没有一个符合资格的土木工程师,但是这项西方世界 4000 多年来上马的最大建设工程还是在 1817 年 7 月 4 日动工了。一位名叫坎瓦斯·怀特(Canvass White)的年轻人对工程略知一二,他说服了克林顿让他前往英国学习运河网络。他回来时对于水闸和高架桥已经有了足够的了解,这对整个项目来说有着巨大的价值。克林顿的看法与公众舆论的潮流相反,他认为运河既能连接大西洋与内陆,又能连接大西洋与北美五大湖,从而将这样的运河看成是使纽约成为最重要城市的关键。正是这种憧憬很快会使这整个区域转变为美国的经济重地。伊利运河用了不到 8 年时间完工,50 000 名劳工所使用的只是锄头、铁锹和小型炸药。劳工中大部分是爱

---

① 杰斐逊(Thomas Jefferson),《独立宣言》(*The Declaration of Independence*)主要起草人,美国第三任总统,1801—1809 年在任。——译注

尔兰或中国移民,他们在这里赚到的钱是他们在自己国家所能预期的 5 倍以上。不过这是一项有危险的工作,在这过程中就有 1000 多人丧命。

尽管这条运河随着各航段完工而陆续交付使用,但是直到 1825 年 10 月 26 日才举行了整个项目正式通航的盛大庆典。这是一个工程学奇迹,并且立即获得了经济上的成功。仅第一年,就有价值 1500 亿美元的货物沿着这条路线运输,折合到今天这笔数字相当于近 3 亿美元。而且所有货物的运输速度都比以前牛车和土路上的运输速度快到 20 倍。各城市中的食物价格暴跌了 95%。沿途涌现出各种新城重镇,其中包括锡拉丘兹、罗切斯特和布法罗。住在边疆的人们以前已习惯于自给自足,而现在则能够购买到他们想要的来自世界上任何地方的任何东西了。纽约市正如克林顿曾预期的那样,成了一个新兴大都市。华尔街作为西方世界金融中心的地位确立了,这个城市也立即成为全国第一大港。作为这条运河的一个结果,大量金钱流经纽约,以致在它通航仅 15 年后的 1840 年,出现了"百万富翁"这一新名词。

霍利的命运也发生了改变,他在 1820 年成为纽约州众议院议员。克林顿一直没有实现他当总统的雄心,因为他在 1828 年突然死亡,不过他在有生之年已经看到公众舆论的浪潮坚定地站到了他这一边。尽管有过以前的批评嘲笑,但运河一旦竣工,纽约各大报纸就都在庆祝他的成就了。这当然也可能与这些报纸新的、大幅提高的发行量有关。克林顿很可能会感觉到他挚爱的这座城市对他的感激,《新罕布什尔前哨报》(New Hampshire Sentinel)刊登了下面这篇文章:"克林顿州长为了推进他所掌管的这个州的最大利益而作出的这些努力,受到了他的选民和州外公众的普遍认可。他为支持这条伟大的运河所付出的种种努力使他的名字与这项高尚的事业成为一体,而当人们体验到它带来的好处时也会将他铭记在心。"这篇文章的结尾是:"将荣誉归于克林顿,并欢呼他的名字。"当这篇文章最终发表时假如这位伟大的人物尚在世,那么他也肯定会很欣赏这句充满感情色彩的话。

拉开拉链

——拉链的真实故事

　　19 世纪期间，欧洲和美洲的工业革命正在加快进程，与之相伴的还有从旧世界向机遇之地的大规模人口迁移，此时有一个人开始着手改变制作服装的方式。1846 年 9 月 10 日，机修学徒工豪（Elias Howe）申请并获得了第一台机械缝纫机的美国专利。他使用的是双线连锁设计。他的发明包括如今在每台现代缝纫机中仍然能找到的三个关键特征：一个棉布进料器；一个在材料下方运作以构成双线连锁针的梭子；还有极其重要的是一根针眼在针尖上的针，而不是像手持缝衣针常见的那样针眼在末端。他的家人后来声称，他是在做梦的时候想到这种设计的。接下去的故事是，当豪睡醒后，他跑到自己的工作间，胡乱地画出了关于这种想法的一张简图，于是机械缝纫机诞生了。不过，豪没能为他的新设备引来资金，因此不得不在 1847 年前往英格兰，在那里将他的第一台机器以 250 英镑的价格卖给了托马斯（William Thomas）。后者是伦敦齐普赛街的一位女性紧身衣和雨伞制造者。

　　然而情况也就是这样了。身无分文、郁郁寡欢的豪回到了马萨诸塞州剑桥市，却发现他挚爱的妻子伊丽莎白重病缠身。他回家后不久，她就去世了。雪上加霜的是，豪还发现辛格（Isaac Singer）已设法造出一台与他的设计完全相同的复制品，并且在批发营销及零售配送他的辛格缝纫机方面取得了相当大的成功。豪发起了一场法律诉讼，然后又回到他的工作台，开始研究他早已想到的其他一些妙想，其中之一是"自动连续布料缝合器"。他在 1851 年获得了此项专利，这台装置的特色是有一排相互咬合的小金属夹，后来这种装置将会更名为拉链。不过，当时豪还在为他与辛格之间的法律纠纷分神，因此在开发和营

销他的这项发明方面几乎没有付出什么努力。1854年，他赢得了对辛格的诉讼案，并开始赚到相当可观的专利权使用费。虽然豪在美国内战期间将大量财产捐给了北方联邦军，但是他去世时仍然非常富有，再也没有重新回到他的自动连续布料缝合器上。

　　在内战临近尾声、国家重建规划启动的时候，美国人逐渐喜欢上穿着皮质或橡胶的高帮纽扣靴。这在很大程度上是由于他们中大多数人都必须小心翼翼地穿行于高至脚踝的烂泥和马粪中，甚至在城市的街道上也是如此。1893年，美国发明家贾德森（Whitcomb L. Judson）意识到，利用豪的设计能更便捷地穿上或脱下高帮纽扣靴，于是修改了豪的原始设计。贾德森是一个胖子，他受够了每天弯腰系上或解开他靴子上那些纽扣所带来的折磨，因此他组建了"环球扣件公司"来分销他的新产品。他将这种新产品称为"扣锁"。扣锁在1893年的芝加哥世界博览会上作为一种靴子扣件首次亮相，结果不甚成功。当时的靴子制造商们似乎对他们较为廉价的鞋带和纽扣系统相当满意。不过，贾德森深信自己精巧的小物件具有种种优点。他将自己的公司改组为"扣件制造与机械公司"，搬迁到新泽西州，并在 1906 年雇用了瑞典裔电气工程师松德贝克（Gideon Sundback）为他工作。松德贝克也能看出"扣锁"的价值，于是开始着手改进这种设计，并在 1914 年为这种新的可分式扣件获得了专利。

贾德森坚信成功近在咫尺，这里可以引用他如下的原话："由前文所述必定显而易见的是，一只装有我这种物件的鞋具有系带鞋所特有的所有优势，而与此同时它又免除了到目前为止系带鞋所易产生的各种恼人之处。这些恼人之处是因每次穿鞋或脱鞋时所需要的系鞋带和解鞋带，以及由于鞋带松开而引起的。有了我的物件，就可以不时通过调节它来拉紧或放松鞋子，而这些鞋也就可以比迄今为止所设计的任何其他形式的鞋都更快捷地系紧或放松，这都是我自己的切身体会。"然而令人难以置信的是，仍然没有任何人对他的发明感兴趣。

不过在 1923 年，日后成为世界最大橡胶轮胎企业的古德里奇公司决定在他们的新橡胶靴设计中采用"扣锁"。他们的销售部想出了一个时髦的新名字——"拉链靴"（Zipper Boot），他们还在 1925 年将"拉链"（Zipper）注册为商标。在接下去的 10 年中，拉链被专门用于橡胶靴和防水烟草袋，直到有一场广告活动宣传了一个新的童装系列，它的主要特征就是使用拉链以便孩子们能更加容易地自己穿衣服。到 1937 年，法国的时装设计师们和各大杂志都以拉链作为男式长裤和外套的特色。而再过 20 年，也就是在豪最初的发明整整一个世纪以后，拉链从一种新颖物件转变成了全世界最常用的扣件，每年的产量超过 100 万英里。

可惜的是，似乎并不是所有人都对豪的革新感到高兴。根据《英国国际泌尿学杂志》（British Journal of Urology International）发表的一项研究，拉链是导致严重生殖器损伤的最常见原因，每年有超过 2200 人遭到需要医院治疗的、与拉链相关的生殖器损伤。[女士们，请注意他们在此处是如何谨慎地使用了"人"

（people）这个词，因而不仅是男人（men）。]正式记录在案的，人类的生殖器的第二大威胁是自行车。

你能错得多离谱?

1915 年，陆军元帅黑格的一位军事顾问在一场坦克演示中告诉他："骑兵会被这些钢铁战车取代的想法是荒谬的。这简直可以说是谋逆叛国……枪毙那个设计者。黎明时分就枪毙，与其他所有卖国贼一起枪毙！"（不，他没有说过最后这句话，是我编造出来的。）

胸罩

　　关于现代胸罩的发明,有几个有趣的相关问题。首先,最初的专利是由 23 岁的玛丽·费尔普斯·雅各布斯(Mary Phelps Jacobs)于 1914 年 2 月 12 日提交的。玛丽的故事本身就很有趣,我们会在后文回过头来讲,不过真正引起我注意的是这项发明的日期。现在,如果我们有把握地假设女性一直都有乳房,那么问题就变成:1914 年之前会是怎样的?

　　自然,女性自古以来就一直佩戴着支撑乳房的东西。我们所具有的最早的书面记录可以追溯到古希腊,其中揭示了当时女性穿着一种特别设计用于支撑她们乳房的专门服装,名叫"阿波德斯莫斯"(apodesmos),翻译出来的意思就是"乳房带"。我们还知道,罗马女性在进行任何像体育或战争这样的剧烈运动时,都会在她们的胸部缠绕绷带。

　　近年来,在奥地利工作的一些考古学家发现了四套服饰,它们由两个亚麻布罩杯构成,并附有肩带和身体缚带,科学家们利用放射性碳元素测定出这些服饰的年代是在 1440—1485 年之间的某个时候。而且我们还知道,法国国王亨利二世(King Henry II)的妻子德梅迪奇(Catherine de'Medici)在 16 世纪 50 年代期间下令在她的宫廷中禁止出现她所描述的"粗腰"——这一举措导致在超过 300 年的时间里,贵妇们都得把她们自己硬塞进紧身鲸骨束身衣中,并在后背处用绳子牢牢扎紧。

　　尽管时尚随着时间发生了变化,但是痛苦却还在继续。直到 20 世纪初,当时 19 岁的上流社会小姐玛丽在 1910 年出席了她的第一次初入社交界的舞会。据大家所说,那时年轻的玛丽根本不喜欢她的第一次外出,因为她发现限制性的鲸骨束身衣穿起来既不舒服,也无法容纳她特别大的乳房。有人注意到,最终结果是玛丽整晚看起来都像是胸部附着一个巨大的乳房。玛丽下决心避免第二次再出现这样的场面，于是在她的女仆帮助下设计了一种用两块丝质手帕制成的简单的支撑物，并用粉红色缎带缚牢。这样一来，她在第二次参加舞会时就能整晚都保持良好身段了。不出几个星期，玛丽就在为她的亲戚朋友们制作类似的服饰了。到 1914 年 11 月，她为自己的"无背胸罩"申请了一项专利。

随后，也许就有了整个女士内衣（实际上也是工业本身）历史上最伟大的契机之一的好时光。由于第一次世界大战在欧洲爆发，因此美国战时工业委员会号召女性停止穿着束身衣，从而可以将所用的金属用于其他方面。

此时此刻，康涅狄格州的沃纳兄弟束身衣公司介入并以 15 000 美元的慷慨巨款买下了玛丽的专利，折合到今天这大约相当于 375 000 美元。年仅 24 岁的玛丽成了一位富有的女人，不过沃纳兄弟公司的投资也得到了丰厚的回报，因为他们在接下去的 20 年中赚到的货款总计达到 1500 万美元之多。（顺便说一下，抵制束身衣的行动省出了超过 28 000 吨钢用于战争。这些金属足够建造两艘战舰。）

这个故事的最后一部分讲到玛丽自己。当她的酒鬼丈夫从战场上回来后不久，她就和他离婚了。随后她与一个比她小 7 岁的年轻人克罗斯比（Harry Crosby）开始了一段风流韵事。由此造成的丑闻导致这对情侣移居巴黎，他们在那里依靠玛丽的收入和哈里每年 12 000 美元的信托基金享受着奢侈的生活。他们在那里过着开放式的婚姻生活，双方各自都有着许多风流韵事。他们还一起组建了黑太阳出版社，这家出版公司推出了许多从未发表过作品的年轻作家，如乔伊斯（James Joyce）、海明威、劳伦斯（D. H. Lawrence）、艾略特（T. S. Eliot）和庞德（Ezra Pound），而这些只是略举数例。至于玛丽本人，她长寿而生活颓废，最后在 1970 年死于肺炎。她目睹了 20 世纪 60 年代与女权运动联系在一起的著名焚烧胸罩运动。玛丽无疑会赞同此举。

瞎摆弄交流电只是浪费时间。永远不会有人使用它。

爱迪生试图嘲弄他的竞争对手

威斯汀豪斯(George Westinghouse),1926 年

胡子刮得干干净净^①

　　吉列(King C. Gillette)是一位富有创造力的企业家,他从17岁开始就梦想成为一名发明家并发财。不过从梦想某件事到随后真正发明一种全新的产品,中间还有相当长的一段路。吉列出生于1855年,他的父母本身也都是成功的发明家。他们一家后来移居到芝加哥,他们的生意在1871年芝加哥大火中付之一炬。在接下去的13年中,吉列努力靠他自己的发明谋生,到头来竟然一败涂地。

　　最后他找到了一份推销员的工作,不过并没有取得什么成功。终于在40岁的时候,他回到了父母家,既无力支付自己的账单,也没有任何发展前景。不过吉列拒绝放弃,他接下去为佩因特(William Painter)工作。这位当地企业家发明了一种一次性瓶盖,并将其转变为一项成功的生意。1892年,佩因特的产品获得了一项美国专利,于是他组建了皇冠软木塞与密封公司,并雇用吉列在巴尔的摩市走街串巷,挨家挨户推销瓶盖。

　　一天,当吉列出门兜售时,佩因特和他一起去,并解释说,生产一种成功商品的秘诀就在于发明某种人们用一次后就会扔掉的产品。对于佩因特而言,事实证明软木塞密封瓶盖就是完美的产品。于是吉列决定他需要有一种属于他自己的产品。接下去的一周周、一月月,吉列在走路的每一个片刻都在试图思考一种目前每个人都在用,而他可以将其制成一次性使用的产品。一天早晨,吉列正在他的脸盆旁剃须,这时他那把又老又钝的直柄剃须刀割破了他的脸,而当他的血滴到盆里时,他那要找到一种发明的想法有了结果。他当即意识到,替代每个男人每天早晨都要在一根皮带上磨快一把直刃老刮胡子刀的做

---

① 英文"it was a close shave"还有"侥幸脱险、死里逃生"的意思。——译注

法,他要设计出一些薄而锋利的刀片。这些刀片的制作成本如此之低,以至于可以在刮几次胡子后就把它们扔掉。那天早上,他给他的妻子留下一张便条,上面写道:"我有主意了,我们要发财了。"

随后吉列将他所有的业余时间都花在试图找到一种用薄钢片制作刀片的方法。薄钢片要足够强韧,不会发生弯折,但是他并没有取得成功。朋友和同伴们用他创造一种新的、时髦的安全剃须刀时遭遇的失败来取笑他。最终吉列厌烦了,因此去求助于波士顿的机械师史蒂文·波特(Steven Porter)。当时波特正在吃三明治。他由此想到一种方法,将薄而锋利的刀片夹在两片更强韧的钢片之间,只留下锋利的主刀刃部分暴露在外。1899 年夏天,吉列成为第一个用一次性刀片剃须刀刮胡子的人。不过公众的意见却坚决反对他,因为纵观历史,男人的剃须刀被认为是终身只购买一次的。剃须刀常常从祖父到孙子世代相传,而仅仅刮几次胡子以后就扔掉一把剃须刀的想法,对于一般大众而言似乎是匪夷所思的。筹措营销经费和广告宣传活动也绝无可能,因为吉列的口袋已经空空如也,而潜在的投资者们对此则充满怀疑。

不过,有一位内行的机械发明家尼克森(William Emery Nickerson)看了一眼这种刮胡子刀后意识到,如果他加上一个用螺丝固定的装置来使刀片变得可拆卸,那么就只需要扔掉又薄又便宜的刀片,而不是整把剃须刀了。吉列立即申请了一项专利,并与尼克森及两位投资者合伙组建了美国安全剃须刀公司。公司很快更名为吉列安全剃须刀公司,而一些早期原型给投资者们留下了深刻印象,因此一群纽约投资者出价 125 000 美元换购公司 51% 的股份。吉列安全剃须刀的第一则广告于 1903 年初出现在《系统》(System)杂志上,一把剃须刀架和 20 把刀片报价 5 美元,这大约是当时人均周薪的一半。不消说,销售状况很缓慢,到这一年年底只通过邮购售出 51 把剃须刀。吉列仍然是皇冠软木塞与密封公司的推销员,后来有人引用他的原话:"我所有的朋友都把这种剃须刀看成是一个笑话。如果我曾接受过技术培训,那么我当场就会放弃了。"

　　尽管其余几位投资者没有从这家新公司拿到过薪水,但他们仍然保持着积极的态度,决定将随剃须刀提供的刀片数量从 20 把减少到 12 把。然后吉列辞去了工作,动身前往英格兰。不过当他听到他的合伙人们正在计划将他的专利买给一个欧洲公司时,他立即飞奔回波士顿,并说服他的盟友们允许他重新收回对公司的控制权。吉列带着新的投资和重新建立起来的热情开始发动一场广告宣传活动,结果导致在 1904 年卖出了 90 884 把剃须刀和 123 648 把刀片。到 1908 年,公司已在德国、法国、英国和加拿大开设了数家工厂,并且已卖出了超过 45 万把剃须刀和 7000 万把刀片。随着第一次世界大战爆发,吉列读到法国和英国军队需要在战壕里把胡子刮干净,这样他们的防毒面具才能妥善地予以密封。当美国加入战争时,吉列向美国政府出价,以成本价为每位士兵提供剃须刀套装,结果得到了 350 万套安全剃须刀套装的订单。

　　这就稳固地确立了公司的名誉,并确保了有一代人对其产品的忠诚度。到这时,吉列已成为一位身家数百万的富翁,几近从以他的著名名字命名的公司退休。然而不幸的是,他将大部分钱都投资在地产和华尔街,并在 1929 年的那场声名狼藉的股市崩盘以及接下去的经济大萧条期间损失了大量财产。吉列的公司在 2005 年以 570 亿美元出售,而他本人却可悲地在实际破产的状况下孤独地离世。

> 这是我们做(研究)过的最大傻事。这枚炸弹永远不会爆炸,而我是以爆破专家的身份这样说的。
>
> 美国海军上将莱希(William D. Leahy)
> 在 1944 年,即广岛和长崎原子弹爆炸的前一年,
> 就原子能武器问题给杜鲁门(Truman)总统的建议

猫砂

在第二次世界大战接近尾声时，爱德华·洛（Edward Lowe）从美国海军退伍，随后就发现自己的家庭已如此穷困潦倒，以至于他不得不一路搭便车回到密歇根州卡索波利斯的家中。他的父亲在那里经营一项生意，为当地机械师和农民们供应沙子和锯屑，用于吸收他们工作间地板上溅落的液体。这是一家不大的公司，而且他的许多顾客都觉得在战争期间他们负担不起去购买这些东西的费用，有点太奢侈了。儿子一回来，亨利·洛（Henry Lowe）就移交了这项送货业务，转而去专心料理位于万达利亚的家庭酒馆，在同一条路上，相隔不过几英里。

由于肩负着供养妻子和年幼孩子的职责，因此爱德华开始扩展这个家族企业，建立客户群、引进新产品，其中有一种叫作"漂白土"的超强吸水黏土。然而，爱德华灰心丧气地发现他的客户们对这种更加昂贵的黏土产品完全不感兴趣，这就给他留下了好几吨这种他白送也没人要的东西。不过在 1947 年 1 月，爱德华回家时恰好他的邻居德雷珀（Kaye Draper）正在设法从冰冻的地上挖出沙子来铺垫在地下室的猫箱里。当时各家各户把他们的猫放在室外过夜是很常见的做法，由于它们最初是沙漠动物，因此其储水能力导致了高度浓缩的、未经稀释的、臭烘烘的尿液。在冬季的数月之中，许多家庭会在他们的地下室里放上一个老旧的蔬菜托盘，里面装满沙子、锯屑或泥土，这样他们的宠物就至少可以躲开寒冷刺骨的天气。德雷珀来找爱德华求取一些锯屑，但是爱德华却从他车库里的那堆漂白土中铲了几勺放到她的猫托盘里。他不知道还能拿这堆东西去做什么，而且正在设法处理掉它们。

次日早晨，德雷珀惊奇地发现，不仅她的猫在这些土里感到很舒适，而且其吸水特性致使那种挥之不去的臭味也闻不到了。她还注意到，这种微粒状黏土

没有像沙子和锯屑那样，因为粘在猫爪上而在房子里到处留下痕迹。第二天，德雷珀带着她的一群爱猫的朋友去找爱德华，向他解释他的土有多么好，于是爱德华立即看到了其中的商机。当天下午，他将漂白土分装成 5 磅的袋装，在正面用黑墨水写上"猫砂"两字，然后堆了一打在他的卡车后面，出发前往最近的一些宠物商店。

　　然而，爱德华发现自己在这些店主那里遇到了他在那些工厂和工作间的客户们那里受到的同样抵制。他们告诉他，没有人会付 69 美分去买一袋漂白土，因为沙子和锯屑只有这个价格的一半，而土壤更是免费的。最后，灰心丧气又郁郁不乐的爱德华给每家店都留下了几袋，并建议他们免费赠送。不出一个星期，这些店主们惊奇地发现，爱猫人士们都回来向他们要猫砂，而且更令人惊奇的是，他们还乐于为此付钱。爱德华很快开始接收到订单，并且在这种反响的鼓励下开始装满他的卡车，去全县各处重复他的销售模式，即免费留下几袋，然后等着订单的到来。

　　与此同时，他还在不断地改进他的产品和包装，包括提供退款保证、加入除臭剂和香味,还放进了便利的塑料铲子。他很快就跑到全国各地的猫展和乡村集市上去展示他的产品。到这时他已经认识到,每个用过他的猫砂产品的人,总是会回头来买更多,因此他经过风险计算后购买了一家漂白土处理工厂,然后将他的猫砂出口到了世界各地。

他的公司开始雇用一些科学家来组建一所现代研究开发中心。他们不断研究以升级现存产品,并开发新产品。附属于这家研发中心的还有一个猫舍,爱德华在那里收容了 120 只流浪猫,而这些猫为科学家们改良他们的产品提供了依据。他还建立了一个人员齐备的保健诊所,并安置了 24 小时监控。爱德华不仅发明了一种产品,还发明了一项全球性产业。而当他 1990 年退休时,他的公司享有 2.1 亿美元的年度零售销售额。如今,"猫砂"这一品牌被认为价值5 亿美元,而这种曾经人人都告诉爱德华不会有人要的产品,光是在美国已成为一项价值为每年 110 亿的产业的一部分。

圆珠笔？那是什么东西？

在 19 世纪 80 年代之前，要在纸上写下什么的唯一办法是使用某种能够被塑造成笔尖的东西，例如一根羽毛，或者一片木头或贝壳，然后将它放入墨水池中蘸一下，或者也可使用一支铅笔。除非你拥有一支当时在富人和名人之中已经日益流行起来的自来水钢笔。而在 19 世纪 80 年代自来水钢笔首次开始大批量生产之前，即便使用这样的笔写字仍然不得不蘸墨水。不过，假如你是一位身份低微的商人，那么你很可能买不起这种钢笔，除非你是一位皮革鞣制工之类的商人，例如劳德（John J. Loud）。

19 世纪 80 年代初期，来自马萨诸塞州韦茅斯的劳德一直在试验用某种东西在他的皮革产品上做标记的各种想法，结果并没有取得多少成功。劳德的自来水钢笔经常不能书写，因此他开始着手设计一支具有一根细金属管的笔，用小毛口构成的开口空腔将一粒细小的、可滚动的钢珠含住。他的想法是在管中灌满墨水，让墨水覆盖钢珠表面，并且在钢珠滚过皮革表面时继续如此，从而使留下的墨水痕迹形成他想要画出的任何图案，显然也包括文字。劳德对自己的设计激动不已，甚至为"滚珠笔尖记号笔"申请了一项专利，并且在 1888 年 10 月 30 日以他自己的名字获得了这项专利。

但劳德面临一个问题，尽管他的设计在皮革以及其他粗糙表面上都足以满足要求，但是在像纸这样的光滑表面上却不那么有效。劳德认识到，只要进行一点点改良，他就能够完善他的设计。但是他所接触的每个人都告诉他，这是在浪费时间。完美的钢笔毕竟已经设计出来，并且当时已经在大批量生产，为什么还要多此一举呢？在当时这个摩登时代里，自来水钢笔甚至已能自动释放墨水了，因此再也不需要蘸墨水，也不再会弄出污渍。他们告诉他："你太迟了，劳德先生，我们已经有了完美的钢笔，谢谢您。"听到这些话后，劳德随后又回去缝制手提包或鞋子了,再也没有听到他的消息。

他的想法从此无人提及,直到 1935 年,一位匈牙利报刊编辑因为要花费大量时间去为他那支当时已经过时的自来水钢笔灌墨水而越来越恼怒。他对于清理墨渍以及笔尖戳破新闻纸也感到忍无可忍。不过他注意到,从他的报纸印刷机里出来的墨水比他的钢笔写下的墨水干燥速度快 10 倍,因此,拉斯洛·比罗(László Bíró)在他的兄弟、化学家格奥尔格·比罗(Georg Bíró)的些许帮助下,开始着手寻找一种解决之道。在接下去的几年中,拉斯洛·比罗试验各种滚珠笔尖设计,其构造与劳德多年之前申请的专利完全相同。同时格奥尔格·比罗还开发出各种墨水样品,采用的是印刷机所使用的那些较稀薄、较轻的墨水。在夏季的工作之余,他们去往海边度假,在那里遇到了一位迷人的老先生。他喜爱他们的圆珠笔模式。原来这位老人竟是当时在任的阿根廷总统胡斯托(Agustín Pedro Justo),他力劝这对兄弟迁居到他的国家,他会在那里提供资金帮助他们成立一家工厂。

翌年,由于战争在欧洲爆发,这对兄弟于是就这么做了。他们逃到了阿根廷,途中在巴黎停留申请了一项专利。他们一旦在阿根廷定居下来,就发现不乏投资者,于是在 1943 年建立了一家工厂。不过他们发现新笔效果一点也不好,因此不得不推倒重来,完善他们的设计。第二次设计稍好了一些,但是在阿根廷各地的销售额并没有达到他们的预期,而且最终他们的钱也用光了。不过在此之前,战争期间曾驻扎在阿根廷的美国飞行员们满怀着对这种新笔的热情回到了美国,因为这种笔在高空中非常好用,而且不需要经常灌墨。

美国空军将具体规格发送给不多的几家美国公司。其中的一家公司企图垄断市场,于是付给比罗兄弟 50 万美元买断了他们这项专利的美国制造权。与此同时,一位名叫雷诺兹(Milton Reynolds)的芝加哥推销员在阿根廷度假期间买过几支比罗圆珠笔。他认为自己能够避开任何法律问题,因为原先的专利已经过期,于是他开始仿制比罗的设计(或者也可以说是劳德的设计,这取决于你怎么看),再加上充分改进而足以使他自己获得美国专利。

雷诺兹随后将他的原型给他的朋友金贝儿(Fred Gimbel)看。金贝儿家所拥有的金贝儿百货商店一度曾是世界上最大的百货公司连锁店。金贝儿安排了一场巧妙的市场营销活动:1945 年 10 月 29 日,这种新型的圆珠笔在纽约市投放市场,当时正值第二次世界大战结束两个月后。12.50 美元一支的价格相当于在纽约市像样的旅馆房间中住一夜的费用。5000 人涌入店铺,金贝儿在两小时内就将他们的全部存货 10 000 支销售一空。单单是为了维持人群秩序,纽约市警察局就不得不派出 50 名警官。在接下去的 6 个星期中,雷诺兹国际钢笔公司为了满足需求,夜以继日地开工制造出 800 万支圆珠笔。雷诺兹变成了一位大富翁,甚至还买下了一处华丽的法国庄园——梅斯尼尔圣丹尼城堡,用作他的欧洲区总部。不过雷诺兹是一位狡黠的商人,他意识到其他公司很快就会生产出更便宜的各式圆珠笔而大量投放市场,因此在 1947 年卖掉了他的公司,去南美过上了退休生活。

> 没有丝毫迹象表明,我们曾获得过核能。获得核能意味着原子必须得被任意打破。
>
> 德裔美国物理学家爱因斯坦,1932 年

铁路网

采用在轨道上移动重负这种想法的首先是古希腊人,随后是罗马人,他们都用到了石板轨道,再用动物来拉动装着来自采石场的石块的货车。公元前6世纪,古希腊人甚至还铺设了一条跨越科林斯地峡的轨道,他们沿着这条轨道将船舶从爱奥尼亚海托运到爱琴海,以加速他们的海军战役。他们铺设的这条轨道使用了500年。此后又过了1500年,狭轨距的木制轨道才在欧洲各地的矿山变得常见。18世纪期间,首次为公众用途而铺设了铁制轨道,世界上第一条马拉公用铁路开始出现。

英格兰工业革命期间,随着蒸汽发动机的研发,人们很快制订出关于由机车牵引的列车的各种大胆创新的计划,以便这些列车能够沿着遍及全国的永久性轨道运载乘客、货物和邮件。到1829年,乔治·斯蒂芬森(George Stephenson)成功地展示了他的"火箭号"列车,这主要是由他的儿子罗伯特·斯蒂芬森(Robert Stephenson)设计的。而接下去一年的9月15日,世界上第一段城际铁路在利物浦和曼彻斯特之间开始运营。这一天还发生了首起铁路死亡事故,当时利物浦国会议员赫斯基森(William Huskisson)在开幕典礼期间下车走向惠灵顿公爵(the Duke of Wellington)。赫斯基森没有看到"火箭号"正在临近的轨道上向他加速驶来,结果当天傍晚就重伤不治。

与此同时,在科学界内部,这些他们那个时代的聪明人都极力警告不要发展铁路网,特别是不要利用其速度。爱尔兰科学作家、蒸汽火车的早期批评家拉德纳(Dionysius Lardner)在1828年提出警告:"高速铁路旅行是不可能实现的,因为乘客们会因为无法呼吸窒息而死。"而且也不仅仅他一个人有这种想法。法国医生们预言铁路网会引起疾病的传播,这是由于"从一种气候快速转变到另一种气候会产生致命的后果,而饮食的突然改变也会导致消化不良和腹泻。"伊顿公学①的卓越校长基特（John Keate）博士亲自写信给他以前的学生、新当选的国会议员格拉德斯通（William Gladstone），力劝他使用个人影响力去阻止将铁路线建到温莎。基特抱怨说，这会"干扰学校的纪律、男孩们的学习和娱乐活动，影响这块地方的健康，增加洪灾，甚至还会危及男孩们的生命。"温莎和伊顿火车站最终于 1849 年开始启用。

事情并没有就此终结。一群著名的科学家警告说："在通过隧道的过程中，就算假定他们会逃过机车锅炉爆炸而导致的灾难，胸膜炎的幽灵也肯定会袭击乘客。"还有一位英国医生发布了一条警告，说乘坐火车旅行会使本来健康的人们遭受感冒和肺痨。在伦敦，具有影响力的《评论季刊》（Quarterly Review）问道："乘坐机车以两倍于驿站马车的速度旅行，还有比抱有这种指望更为荒谬的吗？"

在美国，时任国务卿的原纽约州州长范布伦（Martin Van Buren）在 1830 年写信给杰克逊（Andrew Jackson）总统，信中声称："这个国家的运河系统正在受到一种被称为铁路的新运输形式的威胁。正如您或许知道的，总统先生，铁路运输是用'发动机'以每小时 15 英里的巨大速度拉动的，而这些发动机除了危及乘客们的生命和肢体以外，还一路轰鸣和呼啸着越过乡村，使庄稼起火，惊吓牲畜，并且令妇女孩童们感到害怕。全能的上帝绝不会有意让人们以如此惊险的速度旅行。"范布伦在 1837 年接任杰克逊，成为第 8 任总统。

事实很快就证明，拉德纳及其他这些人都是错误的。在短短 20 年后就有超过 7000 英里的铁路轨道网络遍及大英帝国。不过这并不是他与日益发展的铁路网的最后冲突。当布律内尔（Isambard Kingdom Brunel）在 19 世纪 30 年代期间建设大西部铁路时，拉德纳批评布律内尔那条贯通切本哈姆和巴斯的著名箱型隧道，并坚持认为假如火车的刹车失灵，那么自东向西的坡度会使这些车厢的时速超过 120 英里。他声称，在这一速度下，乘客将会窒息。布律内尔指

---

① 伊顿公学是英国著名的男子公学，位于温莎，1440 年创立之初是一所平民学校，从 17 世纪以后逐渐贵族化。——译注

出,在拉德纳的计算中没有考虑到摩擦力和空气阻力,因此他必定是错误的。

1836 年,当布律内尔提议建造第一艘横渡大西洋的"大西部号"蒸汽船时,拉德纳在伦敦举行的一次英国科学促进协会会议上发言,坚持认为试图从利物浦直接航海到纽约是不可能实现的,他们还不如提议从利物浦到月球的旅行呢。这位爱尔兰人断言,轮船会在 2080 英里后耗尽煤炭。结果是,"大西部号"蒸汽船驶入纽约时还有 200 吨煤炭没有用完。拉德纳本人总是卷入丑闻和争议。1840 年,他与玛丽·斯派塞·希维赛德(Mary Spicer Heaviside)之间的风流韵事败露了,于是这对不忠的男女逃到巴黎。这位女士的丈夫理查德·希维赛德(Richard Heaviside)船长追捕到两人,并当众用马鞭抽打拉德纳。回到伦敦后,他成功地以婚外性交罪(通奸)起诉这位科学家,并获得了 8000 英镑的赔偿金。希维赛德夫妇于 1841 年离婚,而这两个偷偷摸摸的男女则在 5 年后结婚。这桩丑闻实际上结束了拉德纳在伦敦的职业生涯,因此他留在巴黎,一直到 1859 年去世前不久。布律内尔无疑会松了一口气,其他所有人也同样如此。

你能错得多离谱?

阿拉戈①宣称:"用轨道列车来进行运输会弱化我们的军队,会使他们丧失男子气概,会使他们丧失强行军的能力,而这在我们的军队取得的胜绩中曾发挥过如此重要的作用。"

① 阿拉戈(Dominique François Arago),法国数学家、物理学家、天文学家和政治家,法国第 25 任总理。——译注

不用马拉的客车

1908 年,第一辆大规模生产的汽车驶下福特的那条创新的生产线,于是普通大众第一次能买得起这种不用马拉的客车。一个世纪后,全世界各地在使用中的汽车数量估计超过 10 亿辆,仅美国就占据了其中的 25%,从而使汽车成为这颗行星上最普及的,或者说最常见的出行方式。

历史上第一辆自力推进式车辆是由法国军事工程师屈尼奥(Nicolas-Joseph Cugnot)于 1769 年设计的。他的这台蒸汽驱动机器在巴黎兵工厂中用来搬动沉重的大炮。不过,由于其最高时速只有 3.7 英里,因此马还会有很长一段时间无需多虑。屈尼奥的第二次成果速度稍快了些,且名垂史册,因为它撞到一堵墙而成为有史以来第一辆撞毁的机动车。1807 年,瑞士设计师德里瓦兹(François Isaac de Rivaz)为第一台氢动力内燃机申请了一项专利,最终他为这台内燃机配了一个 6 米长、重量超过 1 吨的底盘。

又经过 50 年的修修补补和专利申请,比利时人勒努瓦(Jean Joseph Étienne Lenoir)才制造出一辆切实可行的自力推进式车辆。到 1870 年底,已有 500 辆这样的车在巴黎四处奔跑。不过,由于其最高时速只有 19 英里,因此要替代马成为受人喜爱的运输方式,仍前路漫漫。在英国也取得了进展,这由 1865 年《红旗法案》表明:所有车辆都必须由三个人驾驶,一个人掌握方向,一个人给锅炉生火,一个人在道路前方 50 码处手持红旗步行开道,警告其他道路使用者车辆即将到来,并让驾驶者知道何时必须停下来。

到 1908 年 10 月福特的 T 型车驶下生产线时,已有超过 10 000 辆汽车在全美各地扬尘了,不过也并不是所有人都像这位传奇的老汽车制造者那么热心。1909 年,《科学美国人》杂志报道:"汽车实际上已达到了它发展的极限,说明这一点的事实是,在去年一年中没有推出任何根本性质方面的改进。"福特的说法是,没有必要做任何改进。而到 1927 年 T 型车停产时,其销量已超过 1500 万辆。

　　当福特于 1903 年组建福特汽车公司时,他任命他的本地律师、拉克姆与安德森法律事务所的拉克姆(Horace Rackham)来完成文书工作。他还怂恿这位合作者购买公司股份,拉克姆则向他的朋友、他家乡的密歇根储蓄银行行长寻求意见,而后者告诉他说:"马匹还会待在这里,但汽车是一种新奇玩儿,只是一时的流行。"拉克姆没有听从这条意见,借了钱,卖掉了几块土地,筹集到 5000 美元。他将这些钱用来购买了 50 股,从而成为这家新公司仅有的 10 名股东之一。另有两位股东是霍勒斯·道奇和约翰·道奇,他们后来在 1915 年成立了自己的汽车公司。不出 5 年,这些合伙人从福特公司的红利中所赚到的钱就超过了他们作为律师的收入,因此拉克姆关闭了他的法律事务所,成为福特汽车公司的全职主席。1919 年,福特以 12 500 000 美元的价格获取了拉克姆的全部股份。此时拉克姆立即退休,其余生一直在捐钱给儿童慈善组织。到拉克姆1933 年去世时,他仍然身价 1700 万美元,这都得感谢他无视他那位银行经理人的意见。

　　并不是所有关于汽车业即将遭遇失败的预言结果都不准确。1899 年,《文学文摘》(Literary Digest)曾傲慢地宣称:"不用马拉的汽车目前是一种有钱人的奢侈品,尽管其价格很可能在未来会下降,但肯定永远不会变得像自行车那样常用。"事实上,到 1965 年为止,全世界的汽车和自行车产量一直保持大致齐平。不过到 2004 年,每年售出的自行车已超过 1.5 亿辆,几乎是汽车数量的 3 倍。

假如过度吸烟在导致肺癌方面实际上起到了作用,看来似乎也只是一个很小的作用。

美国国家癌症研究所
的休珀(W. C. Hueper),1954 年

维可牢

1941 年,瑞士农业工程师德梅斯特拉尔(George de Mestral)从阿尔卑斯山遛狗回来,恼怒地注意到有数百颗牛蒡种子牢牢粘在他的裤子上和他的狗的身上。在将它们除去后,好奇心引导着德梅斯特拉尔将几颗种子放在显微镜下,结果他发现这些种子已进化出成百上千个微小的钩子,这些钩子会抓住任何带圈的东西,例如动物的皮毛,这样就能帮助这种植物散播到乡村各处。德梅斯特拉尔终究是一位工程师,他意识到大自然的这一奇迹可能也提供了一种方法,可以将两种物品临时而又牢固地结合在一起。于是他开始着手寻找一种在两件不同物品上重新创造出这些圈和钩的方法。

德梅斯特拉尔利用他的闲暇时间连续工作了 10 年,可还是找不到任何人对他的想法有足够的兴趣而为他提供任何支持。最终,他去往织造业中心、法国的里昂,并设法说服了一家公司制造两条布片,其中一条带钩另一条带圈。这套配件事实上起作用了,但是结果证明布条实在不太牢,它们几乎立即就被撕裂。德梅斯特拉尔又一次没有任何帮手,但是他的原型奏效了,这鼓励他在 1951 年申请了一项专利,最终授予时间则是在 1955 年。这位工程师带着重新燃起的热情转向牢固得多的尼龙,但是他没能找到一种方法来把钩和圈对合在一起,因此他的设计没有奏效。随后的一天,在德梅斯特拉尔快要濒临放弃的时候,他决定为自己的发明最后一搏。他取过两条带圈的尼龙,思忖着可以简单地用一把大剪刀将其中的一条修剪成钩子,然后看看它们是不是会对合在一起。

结果奏效了,德梅斯特拉尔发现了一种制造他的产品的方法。不出一年,他就准备好投放市场了。不过,他所预期的热潮并没能出现,因为他的“维可牢”产品(Velcro,这个名字来自法语单词“*velours*”和“*crochet*”,意思分别是“天鹅绒”和“钩子”)看上去简直就像用剩下来的一卷卷材料。此外,这时候拉链

（参见"拉开拉链——拉链的真实故事"一节）和鞋带都早已发明出来了，而且两者的效果非常好。德梅斯特拉尔并没有因此气馁，他把产品带去美国，不过在那里也遭遇了类似的反应。然而，在他继续寻找用途的过程中，他发现正在蓬勃发展的航天业中，宇航服的设计可以利用他的维可牢扣件帮助宇航员们穿脱宇航服。潜水服制造商们很快就开始跟进。不久以后维可牢又被用于滑雪服及其他运动装备。

维可牢最初是作为"没有拉链的拉链"投放市场的，它最终开始用于儿童服装，到20世纪60年代中期，德梅斯特拉尔的工厂每年的制造量已超过37 000英里。这位发明者对他的产品几乎享有垄断的地位，直到1978年，他忘记延长其专利期限，于是大量廉价仿制品立即从中国和韩国如潮水般地涌入市场。不过到这个时候，这位最初的发明人已经在他自己的国家获得了荣誉，并且在他去世后于1999年被列入美国国家名人堂。维可牢为他赚到的钱超过1亿美元。他的发明是世界上用途最广泛的产品之一，具有数千种的应用途径，从心脏手术到给狗穿的外衣。德梅斯特拉尔的狗，我们向你致敬。

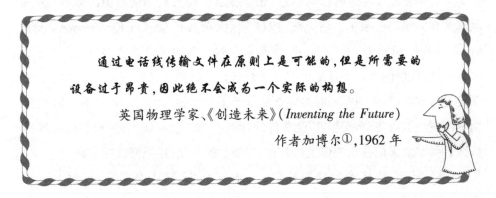

通过电话线传输文件在原则上是可能的，但是所需要的设备过于昂贵，因此绝不会成为一个实际的构想。

英国物理学家、《创造未来》（*Inventing the Future*）

作者加博尔①，1962年

---

① 加博尔（Dennis Gabor），英国籍匈牙利裔犹太人物理学家，因发明全息摄影而获得1971年诺贝尔物理学奖。——译注

电子商务

——你指尖上的世界

1974 年,在家用计算机完成从科幻到现实的转变的 10 年前,澳大利亚 ABC 广播网采访阿瑟·C·克拉克,询问他计算机将会如何改变寻常人的未来,而当时的计算机还大得足以装满像篮球场那么大的房间。这位作者的回答精确地描述了我们如今普遍接受的在线购物和网上银行。对于克拉克的儿子可能会过上怎样的生活这个问题,他回答道:"他会在自己的房子里拥有一台计算机终端,他将能够通过这台终端谈话,并获取他日常生活所需要的任何信息。像他的银行对账单、他的剧院预订座位,以及在一个复杂的现代社会中生活所需要的其他一切。而且这将以一种紧凑的形式出现在他自己家中,而他会对此司空见惯,就如同我们现在对电话习以为常一样。"

对于生活在 1974 年的许多人来说,每个人将都能在他们的口袋里随身携带有史以来曾经发生过的任何信息,还能获取任何具有当前价值的东西,这种理念实在太难以想象了。请记住,1974 年《大英百科全书》(*Encyclopaedia Britannica*)共有 20 多卷,难以用小型货车来运输。而即使是这些书,从信息角度来看,它们提供的也只不过是小菜一碟而已。人们要有足够的远见才能去改变既定的行事模式,然而有些时候即使最富于想象力的人也会因自己的局限性而面临困境。例如在 1966 年,广受尊敬的《时代》杂志坚持认为,远程购物会遭受惨败,因为"女人们喜欢能够走出住房,能够触摸商品,还能够改变主意"。

1986 年,美国技术作家斯托尔(Clifford Stoll)辨认出黑客赫斯(Markus Hess)的一次入侵,当时他正在加利福尼亚州的劳伦斯伯克利国家实验室担任系统管理员。在那时,计算机网络还处于萌芽阶段,人们对于入侵所知甚少。现在我们知道,甚至早期的军用网络对其安全性的关注程度都低到这样的程度:预设密码常常保持不变,用户只要简单地键入"guest"这个单词,就能登录许多网络。不过,有一天斯托尔接到了一项相对较小的任务,在劳伦斯伯克利网络上找出 75 美分的差额,而他很快就意识到有一个未经授权的用户已登录到这个系统 9 秒钟而没有为此付钱。毋庸置疑,找回不到 1 美元并不是斯托尔追查这位肇事者的动机。相反,他所热衷的是发现这位未知人物是如何获得访问一个专用网络的权限的,以及他为何要这样做。为期 10 个月的调查引出了一桩美人计,并且这是历史上国际执法机构为了追踪和逮捕罪犯第一次通力合作。

马库斯·赫斯后来供认他是为苏联克格勃工作,他成为依靠数字取证侦查而入狱的第一人。克利福德·斯托尔写了一本书叙述他追捕黑客的过程,书名为《布谷鸟的蛋:通过计算机刺探活动的迷宫追踪一名间谍》(*The Cuckoo's Egg: Tracking a Spy through the Maze of Computer Espionage*)。他后来也为许多关于网络安全问题的出版物撰稿。不过,斯托尔在确定互联网走向和模式方面并不总是成功。1995 年 2 月 27 日,他就不断增长着的网络社区这一问题撰文并提出:"空想家们看到了一个由远程办公、交互式图书馆和多媒体教室构成的未来。他们谈论电子市民大会和虚拟社区。贸易和商业会从办公室和购物商场转移到网络和调制解调器。数字网络的自由会使政府更加民主吗?这是在胡扯。"

他还继续讲道:"尝试一下在磁盘上阅读一本书。说得再好这也只是一种令人不快的烦琐过程:笨重的计算机发出的近距离才能辨认的辉光取代了书本的亲切页面。而且你也不能带着手提电脑去沙滩。然而,麻省理工学院媒体实验室主管内格罗蓬特(Nicholas Negroponte)却预言说,我们很快就会直接通过互联网购买书本和报纸。呃……当然如此!"

而就在发生这一切的同一年,互联网巨头亚马逊和易贝成立。为斯托尔说句公道话,那时还没有任何可靠的、值得信任的通过互联网寄钱的方法,这种方法开发出来还要再过 4 年的时间,而一般公众感到有信心将他们的信用卡信息输入这种未知事物,则还有很长的一段路要走。斯托尔用以下评论来总结他的文章:"虽然互联网振奋人心,呼唤着我们:知识就是力量的标志闪耀着诱惑的光芒,但是这个根本不存在的地方在诱惑我们拱手让出实实在在的光阴。这种虚拟现实是一种低劣的替代品,其中挫折众多,并且在教育和进步的神圣名义下,人际互动的那些重要方面都被无情地贬值了。"

好吧,斯托尔至少关于这一部分是讲对了,不过事实表明他对电子商务作的其余概括就错了,每年错达 1 万亿美元之巨,而这还仅仅是开始而已。不过,为了对斯托尔公平起见,如果考虑到当时甚至连听说过互联网的人都寥寥无几,更不用说在拔下他们的电话机并用此电话线拨号上网后再连接到互联网上去的这种操作,那么我们也必须承认,当时几乎没人能够预见到电子商务会对西方世界几乎所有人的购买习惯所造成的影响(现在看起来这一切发生在如此长久以前,不是吗?)。值得赞扬的是,斯托尔能够对自己先前所做的那些评论一笑置之,并且在一次有人提醒他为《新闻周刊》所写的那篇文章时表示:"在我的许多错误、失策和蠢话之中,几乎没有哪个有 1995 年的那段蠢话那么为公众所熟悉。现在,每当我想到我知道正在发生着什么,我就会让自己的想法缓和下来。斯托尔,你或许是错误的……"

◀你能错得多离谱?▶

第二次世界大战期间的美国科学研究与发展办公室主管布什(Vannevar Bush)曾经写道:"关于 3000 英里高角度火箭已经说了很多。在我看来,这样的东西在今后的许多年中都是不可能实现的……我说的是从技术上而言,我认为世界上没有任何人知道如何做这样一件事。我自信地认为,在未来的很长一段时间内,这件事都不会做到。我想我们可以放下这种想法。我希望美国人民也会放下这种想法。"

即时贴

——价值 10 亿美元的偶然发明

斯潘塞·F·西尔弗(Spencer F. Silver)在亚利桑那州立大学学习化学,接着在科罗拉多大学获得有机化学博士学位,随后在 1966 年成为工业巨头 3M 公司中央研究实验室的一位资深化学家。他最初被分派到一个研究压敏黏合剂的 5 人小组,他们的目标是开发出一种新的、超级牢固的工业黏合剂。不过,据西尔弗博士自己承认,他偶然加入了超过推荐剂量的用于导致分子聚合的化学反应物。其结果并不完全是这位优秀的博士设法要获得的,但他确实在他的实验中注意到某种独特的现象。西尔弗无意间创造出一种黏合剂,他后来将其性质描述为具有"高黏着力"但又具有"低剥离性"。

西尔弗立即意识到自己开发出了一种全新的黏合剂,但其可能的应用并不是任何人都能一眼看出的。这肯定不是当时任何人希望的东西,因为直至那时,如果一种黏合剂的牢固程度之低足以将其拉开,那么这与他的小组试图达到的目标是背道而驰的。西尔弗并未因此灰心,他继续进行实验,不过他能够制作出来的,只有一种牢固程度足以将两张纸粘在一起却又能将它们轻易分开的黏合剂。不过它能重复使用好多次,而这就是吸引西尔弗之处。几年过去了,他仍然想不出这种新的黏合剂有什么实际用途。3M 公司的产品开发者们都排斥这种想法,因为他们也无法为它设想出一种潜在的用途。于是,尽管西尔弗博士的努力受挫了,但他还是开始在整个公司上下发表一系列演讲,寄希望于某个聪明的年轻人或许会为他这种"高黏着力、低剥离性"的新产品发现一种商业用途。在此期间,他在 3M 的圈子里逐渐被称为"固执先生"。而且在漫长的两年中,别人所给他的最好建议就是把它用作一种喷剂,在布告栏里贴上公司的信息就不需要用大头针了。

这是一个卓越的想法,但并不全然值得进行国际分销。3M 公司的高管对此保持着好奇,但是并不信服。随后的一天,同在 3M 公司工作、隶属新产品研发部的赖伊(Art Fry)在当地高尔夫球场打到第二洞时,有一位同事跟他谈及西尔弗的那种"有趣的黏合剂"。赖伊当时在胶带分部实验室工作,于是他决定为了满足自己的职业好奇心而去参加一次西尔弗的研讨会。不过他也想不出以后总可以很容易拉开的胶带会有什么实际用途。当时对这类产品并没有任何需求,因此赖伊将这种想法暂且先放在脑后,直到他某天灵光一现,而那是大多数发明家和开发者只能梦寐以求的。

5 年后的一个周日早晨,在一场特别无聊的教堂布道期间,作为唱诗班成员的赖伊失去了兴趣,反而开始纳闷怎样才能不让他的书签在翻页时从他的圣歌集中掉出来。在他思索这个问题的过程中,开始回忆起西尔弗研讨会上的种种细节,并且开始考虑有黏性的、可重复使用的书签这一想法。想到这一点,赖伊感到兴奋了,于是第二天早晨他直奔西尔弗的实验室,问他要一些他没用过的黏合剂样品。经过数轮实验后,赖伊在唱诗班练唱时测试了他的新书签。尽管它是有效的,然而残留物却对纸页造成了轻微的损坏。不过,又经过几次尝试后,赖伊制作出了一个能粘在书页上、移除后又不会留下任何痕迹的书签。此外,每个书签都可以重复使用多次。这正是赖伊一直在寻找的创新想法,因此他详细记录下他的结论,并将这些结论呈交给 3M 公司的开发委员会。一开始,他们喜欢这个想法,但是市场调查反馈的销售预测不佳,于是这种黏贴性书签仍然在储藏室里被束之高阁。

一晃又是几年,直到有一天,赖伊在为一位主管准备一份报告时,将一个问题写在了他的一张书签上,并把它粘在这份报告的正面。他的同事在同一张纸片上写上回答后将它粘在另一份文件上返回。于是赖伊就有了他后来所描述的"顿悟型的一拍脑袋的瞬间"。他为这种容易剥离的黏合剂发现了他自己的应用方法:黏贴性便条纸本。赖伊迅速跑到临近的一个部门,而那里能提供给他的只有浅黄色的纸。因此没有任何其他原因,黄色便利贴本就诞生了。赖伊制作并分发到整个公司的那些样本受到了极大的欢迎,以至于他后来回忆道:"管理人员们徒步走过及膝深的雪来要求更换便利贴本。"

1977 年,3M 公司在四座城市以"贴与撕"的商品名试售这种产品,不过最初的销售结果并不令人鼓舞。然而,这种产品在 3M 公司职员中一直深得人心。因此第二年开发者们决定,他们需要人们自己看到可重复使用的黏贴性便条本有多么有用,于是在爱达荷州的整个博伊西市分发免费样品:95% 的使用者很快就确定他们打算购买这种产品。这是一个足够好的反馈了,因此 3M 公司最终于 1980 年将其革新性的新产品"即时贴"投放市场。随后他们在其第一个交易年中就卖出了 5000 万包。

> 我去过这个国家各地,并且与最优秀的人们交谈过,而我可以向你保证,数据处理只是持续不过今年的一时流行。
>
> 普伦蒂斯·霍尔出版社
> 负责商业书籍的编辑,1957 年

不出两年,即时贴已经确立了其作为必需品的地位,于是 3M 公司将一整条生产线专门用于仅生产这一种商品。它们很快就成为学校、图书馆、家庭、工作间、办公室不可或缺的物品,并且出现了各种各样的形状、大小、香味和颜色,不过最初的浅黄色至今仍然是最受欢迎的颜色。现今,3M 公司每年仍然售出大约价值 35 亿美元的即时贴。不过,在 20 世纪 90 年代他们的专利过期后,他们现在要与其他许多制造商竞争了。对于西尔弗博士和赖伊,他们成了"发明英雄"，并且都赢得了3M公司授予的最高荣誉。他们还获得了许多国际工程和发明的奖项。西尔弗晚年时发表评论说："假如我当时考虑过其可能性，那么我甚至都不会去做那个实验。文献里满是这样的事例，说你不能做这件事。"

硫化橡胶:查尔斯·固特异

橡胶作为一种自然资源,首先是由克里斯托弗·哥伦布(Christopher Columbus)及其随行的西班牙征服者们注意到的,他们在 15 世纪末发现并开始描述美洲。据记载,原住民们用有弹性的球来玩游戏,这些球看起来似乎是用乳汁状的白色树液制成的。而这种树液是在当地的一些树上找到的,这种树后来被称为"弹性卡斯桑木"。当时欧洲还对它们一无所知。但是对于这些欧洲人而言,这只不过是一晃而过的好奇心而已,因为当时他们的注意力焦点是将他们的船装满他们自己的大陆上极为紧俏的金银珠宝。不过有记载称,奥尔梅克部落(翻译为"橡胶民族")善于将这种干燥变硬的树脂当作防水材料:他们用这种材料做成经久耐用的鞋类、服装和水壶。当地将其称为"卡图乔克",翻译为"哭泣的木头"。

还要再过上 200 年,欧洲土地测量师们才对这种自然资源产生了更大的兴趣。他们意识到,这种物质很难处理,而且安全运输未经加工的这种液体乳胶几乎是不可能的。不过在 18 世纪中期,新的科学发展导致对橡胶进行了一些有限的实验和一些成功的应用。但这仍然是一种不可靠的材料,在温暖的天气中发黏发臭,在冬季则又硬又脆。1823 年,苏格兰科学家麦金托什(Charles Macintosh)研发出一种部分解决方案。当时他在两层布料之间封入一层黏性的橡胶,于是发明出了至今还以他的名字命名的防水布。这是一次突破性的进展,麦金托什雨衣很快就分销至全世界各地。不出一年,全世界范围的橡胶产量达到了不温不火的 100 吨,不过在短短 6 年后就上升到 1000 吨。最终,橡胶业加快了步伐,而这很幸运地与正在兴起的工业时代同时发生。然而,设法通过加入化学添加剂来使橡胶更加经久耐用的尝试都徒劳无功,直到 1839 年,美国科学家查尔斯·固特异(Charles Goodyear)意外发现了一种可靠的方法来改善这种自然资源的各项特性。

查尔斯·固特异出生在康涅狄格州的纽黑文,他的父亲阿马萨·固特异(Amasa Goodyear)发明了轻质干草叉,这一发明改变了这片老殖民地的收获方式。他也是第一个制造珍珠纽扣的人,他的工厂还在 1812 年战争期间为美国军队提供钢制扣件,在此过程中发了一笔小财。1814 年,查尔斯·固特异被送到费城学习五金贸易后回到家里,并在 1821 年与他父亲合伙开了一家企业。生意稳步增长。他们生产各种各样经过重新设计的农业机具。查尔斯·固特异到 24 岁时已成为一家成功的五金制造和供应公司的负责人,看起来他似乎很可能将成为一位富有的人。然而在 1829 年,查尔斯·固特异的健康状况开始变差,一场衰竭性的胃病导致了好几笔与他有关的生意失败。他们家很快就破产了,不过随着查尔斯·固特异的健康状况有所改善,他开始阅读关于马萨诸塞州波士顿的罗克斯伯里橡胶公司新的弹性橡胶产品的新闻报道。罗克斯伯里公司当时已经试验了一段时间,并正在设法进一步改善麦金托什的设计。

这种想法激起了查尔斯·固特异的好奇心,因此他到访纽约,亲自去看一些此类产品。他立即认识到正在出售的那些橡胶救生衣制作水平低劣且不起作用。回到费城的家后，查尔斯·固特异就开始进行橡胶产品的实验，并且制作出了一些坚固的充气式管子(救生圈)，然后他向罗克斯伯里橡胶公司经理展示了这些管子。这位经理虽然甚为折服，但是他向查尔斯·固特异透露说，他的公司正处于财务困境之中，因为零售商们正在退回价值数千美元的橡胶货品，原因是这些商品发生腐烂而无法销售。纵使查尔斯·固特异看到了一个生产更加牢固可靠的橡胶制品的机会，可是他在这时也陷入了财务困境。他一回到费城，他的债主们就追上门来，他很快就因欠债入狱。他被迫卖掉了家具以及其他所有财产，并将他的妻子和孩子们送去寄宿所。尽管如此，他仍然得到了妻子的支持，她带着印度橡胶补给来探访他，而他则会用这些东西不屈不挠地继续试验，试图创造出一种可靠的材料。

最终，通过加热、添加氧化镁、手工塑形，查尔斯·固特异得以制造出一双鞋，并且靠着朋友们的帮助和善心还清了债务，从而获得了自由。重又有了家庭的温暖后，查尔斯·固特异夜以继日地工作，寻求创造出一种完美的、坚固的橡胶产品，但是他最终失去了朋友们和债主们的支持，他们一个接一个地断定橡胶没有商业前途。然而查尔斯·固特异却越来越执迷于此，并且在他那位永远忠诚的妻子的支持下再次去往纽约。在一位友好的化学家的帮助下，在那里的一间阁楼里设立了一个微型实验室。随着他的努力取得进展，他开始每天步行3英里去曼哈顿格林尼治村的一家工厂，在那里测试各种各样的想法，结果又一次功亏一篑。查尔斯·固特异并没有因此气馁，他说服另一位朋友合伙开了一家工厂制造防水服装、橡胶鞋、一种早期原型的救生衣和各种其他产品。这时他取得了一点成功，得以把他的家人接了过来，并为他们购买了居屋。可悲的是，噩运再次降临，1837年的股市恐慌令他的一切努力都烟消云散。查尔斯·固特异的家庭在10年之中第三次身无分文，而且无家可归。

这已经远远超过了大多数发明家都会弃手不再干的底线，而查尔斯·固特异却还在奋力前进。他举家搬迁到波士顿，在那里再次结交了罗克斯伯里橡胶公司的哈斯金斯（J. Haskins），后者仍然相信橡胶产品的价值。他几乎是硕果仅存的一位了，而且他支持查尔斯·固特异，借钱给他，并将他介绍给城里所有对他有用的人。查尔斯·固特异很快就为他的橡胶鞋获取了一项专利，他将这项专利卖给了罗得岛州的普罗维登斯公司。但他仍然在设法寻找一种生产橡胶的方法，能可靠地抵挡住高低温及酸性物质，并且能避免发生分解。他的实验在接下去的另外 3 年多仍然一无所成。直到有一天，查尔斯·固特异在用添加过粉末状硫黄的橡胶溶液做实验时，将其中一份样品撒到了一个炽热的表面上，样品立即就碳化了。对于某些人而言，这本应是刮一下扔掉了事，但是查尔斯·固特异检查了他撒出来的样品，结果注意到其中一些材料现在却具有了弹性特质。他发现了我们现在称为硫化的加工过程。这对于查尔斯·固特异而言就意味着，他可以创造出柔软、易弯曲并且防水的橡胶，或者一种坚硬、经久耐用的材料，而它们全都出自同样的原料成分，且在整个工业界能够以许多方式加以应用。

查尔斯·固特异确信自己已经找到了答案，但是由于他前几次冒险所遭遇的失败，他的朋友们和潜在投资者们都持怀疑态度，因此这位发明家及其家人在多年时间里继续过着一贫如洗的日子。在此期间，他还在不断改进他的方法，直到他再次去纽约市的那一天，他在那里向威廉·赖德（William Ryder）和埃默里·赖德（Emory Ryder）兄弟展示了他的硫化橡胶，这对兄弟立即就认识到他这项发明的价值，并同意开始生产各种各样的新产品。可悲的是，查尔斯·固特异的噩运接踵而至。赖德兄弟的生意失败了，这把查尔斯带着他的希望和梦想又送回到了那间贫困的屋子。

所幸，在查尔斯·固特异 17 岁的女儿向他的内兄德福雷斯特（William de Forest）——他是一个富有的毛纺厂老板——及其生意伙伴刘易斯（Lewis）兄弟展示了硫化处理过程后，他们在 1843 年夏天参与进来。他们立即从查尔斯·固特异处获得了一份生产许可。同年 9 月，康涅狄格州诺格塔克的塞缪尔·J·刘易斯公司开始制造硫化橡胶套鞋。到 1848 年，另有 4 家公司也在查尔斯·固特异的生产许可下制造橡胶靴了。国际橡胶产业兴起了，而这一产业会在 150 年的时间里将诺格塔克作为其中心。这里的各所工厂一度曾拥有超过 8000 人为其工作。

很遗憾，查尔斯·固特异没能活到机动车的发明，届时全世界各地的机动车都将使用硫化橡胶轮胎，从而在此过程中产生出数十亿美元的收入。他在出售他的那些专利时，没能从自己的发明中获得经济收益。对于自己的命运也仍然保持着务实的态度，他在临死前写道："反思过往，就有关工业的这些分支而言，笔者并不倾向于抱怨不满，说他栽树而其他人摘果这样的话。生命中有一份职业的优势不应该是用几美元几美分的标准来作为唯一估量方式，而这种做法是太常见了。只有当一个人播了种而无人收割时，那他才会有充分的理由去遗憾。"

不过，查尔斯·固特异并没有变成一个被遗忘的人，他的遗产完好无损地留给任何学习发明或工业的学生。这要感谢一位名叫塞柏林（Frank Seiberling）的人，他在 1898 年将自己新成立的公司命名为"固特异轮胎及橡胶公司"，由于恰好及时利用了汽车和摩托车的发展机遇，他借此发了财。如今，固特异轮胎公司仍然是一项价值数十亿美元的产业，而查尔斯·固特异的硫化橡胶也成功地应用于全世界各地的数百万产品中。

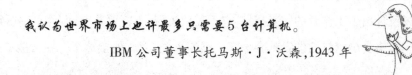

我认为世界市场上也许最多只需要 5 台计算机。

IBM 公司董事长托马斯·J·沃森，1943 年

百得工作台

——"这些东西你会卖出大约一打"

出生于南非的希克曼（Ronald Price Hickman）在20世纪50年代期间移居到伦敦，在其后的最初几年为一家音乐出版公司工作。他很快就从位于达格南的福特汽车公司接到了一份设计师的工作，后来又被查普曼（Colin Chapman）的莲花工程公司挖走，在那里成为一名主管，负责设计第一台莲花欧罗巴轿车，这是该公司在20世纪60年代期间的GT40项目的一部分。希克曼还负责标志性的莲花伊兰的设计，这款车在1962年首推时好评如潮。不过，尽管希克曼取得了成功，但是他还有别的想法。他已经在研究一项发明，而这项发明将会改变建筑行业和全世界各地"自己动手做"（Do It Yourself，缩写为DIY）爱好者的生活。

1961年初的一天早晨，希克曼正在家里制作一个衣柜。由于缺少工作台，因此他将一块木板平衡地放置在一堆温莎椅①的座位上，并将他的脚搁在板上以保持其稳定。随后，在他全神贯注于锯出一根直线时，竟然切断了其中一个座位，把那把椅子完全毁了。为了创造出一件家具而摧毁另一件家具，这种具有讽刺意味的事情对于这位设计师也不枉然。他开始着手寻找一种更好的出路来把坏事变成好事。希克曼就此画出了一种便携式工作台的设计图。这种工作台能够夹紧一块木头，具有一个带底座的平台来保持稳定，而且用完后还能折叠起来。简而言之，任何单独工作的工匠都能够使用它。就这样，希克曼当场设计出了工作者的完美搭档，它不需要工资，不需要茶歇，而且永不迟到。

希克曼确信自己的设计会引起广泛的兴趣，因此他接洽了一些可能的投资

---

① 温莎椅是18世纪流行于英美的一种细骨靠背椅。——译注

者和工具制造商,而他们接二连三全都拒绝了这个主意,这令他深感意外。工具制造商巨头斯坦利(Stanley)告诉他说,他们预计其销量将是"几十台而不是几百台"。而且他们也不是唯一一持此观点的。美国电动工具巨头百得公司告诉他,他们不相信一般的 DIY 爱好者们会想要随身携带如此大的一件工具,然后也拒绝了他的工作台。斯皮尔与杰克逊、萨门和威尔金森这几家公司也都放弃了开发这种工作台的机会。希克曼并没有因此气馁,他改变了策略,决定拿着他的工作台直接去做交易。当时他说服了一家 DIY 杂志允许他在 1968 年伦敦举行的理想家园展览会上利用他们摊位的一角来展示这个工作台。不出一年,希克曼已经售出了 1800 个工作台,并且最终在 1971 年,百得公司的新一代产品主管改变了心意,断定希克曼的工作台终究还是可能存在全球市场的。

1972 年,百得公司开始大批量生产这种工作台,希克曼的设计一举成功。不出 4 年,其销量已超过 100 万台,而到第 10 年末,全球各地已有 1000 多万建筑者和 DIY 爱好者在使用百得工作台了。在后来的一些电视纪录片中,在引用能工巧匠们的话时,大致都有如下的台词:"百得工作台占据了我工作日的很大一部分,我的工作间里有好几台。对于建筑者而言,如果没有工作台,就好比一位大厨没有烤箱。我完全不明白在它发明之前人们都干了些什么。"百得公司的卡尔夫(Lyndsey Culf)的评论是:"希克曼的故事是一个极佳的恰当例子。只因为一个主意没有立即受到欢迎,而这并不意味着那就是糟糕的主意。他对于 DIY 界产生的影响是不可估量的。"事实上,工作台取得的成功如此巨大,以至于希克曼被迫屡次起诉全世界各地侵犯他专利的那些公司。他赢得了所有的诉讼案。

1977 年,希克曼在泽西的圣布雷拉德重新安家。他在那里建立了一家设计工作室,并继续与莲花工程公司的合作。前一级方程式赛车车手沃里克(Derek Warwick)成了希克曼的一位密友,他记得希克曼是一位"具有显著创造精神的独特人物"。沃里克还透露,这位设计师"带着一些新设计来过我办公室几次,

> **你能错得多离谱?**
>
> 1870 年,雪茄制造商奥尔顿(F. G. Alton)忠告普莱耶(John Player)不要购买一家香烟制造厂:"你的香烟绝不会流行起来的。"

这些设计总是激起我的好奇心。他总是想到一些聪明的做事方法。无论看到什么,他都想对它彻底改造一番。那就是他的思维方式。"希克曼于 1982 年退休,并于 1994 年由于效力于工业创新而获得大英帝国勋章。到他 2011 年去世时,某位聪明人曾预言其销量为"几十台"的这种工作台在全球销量已经超过 1 亿台。沃里克后来为希克曼撰写了一篇完美的墓志铭,其中将他描述为:"有一点点荒诞不经,有一点点异乎寻常,还有一点点古怪乖张。他是属于疯狂科学家类型的那些人之一。他们不像普通人,他们异于常人。除非你是非常聪明的人,否则你是不会设计出莲花伊兰和百得工作台的。"而我认为我们都会同意这一观点。

条形码

条形码很有可能是现代最具有创新性的发明之一。它对零售业造成的变化,其程度之广超过了 20 世纪中任何一件其他工业事件。早在 1932 年,一群哈佛商学院的毕业生开始研究一个项目,他们希望为上市的每种商品制作一张打孔卡片,从而可以通过扫描来分别确定各种商品,这样就能简化为购买的货物开列清单。这个创新的想法一开始深受好评,但是所需要的扫描器很昂贵。当时全世界正在经受一场规模前所未见的经济萧条,这场经济大萧条正在摧毁全球商业。零售商们完全不准备为昂贵的库存管理新设施投资。这个团队需要修改他们的想法,使其更加具有经济适用性,他们的扫描方法虽然节约了劳动力成本,但这对于一些人来说并没有吸引力。还有些人认为,如此现代的库存管理还能减少库房伤害事故。即使如此,又过了 16 年,才有人重新考虑这种想法。

然后,在 1948 年,刚毕业于费城德雷克塞尔理工学院的伯纳德·西尔弗(Bernard Silver)无意中听到当地连锁店"食品集市"的董事长和这所学院的一位院长之间的一段谈话,内容是想开发一种在销售点、结账台自动识别商品的系统。西尔弗立即向他的朋友伍德兰(Norman Woodland)讲述了这段谈话,于是这两个人开始用紫外墨水做起了实验。不幸的是,这些试验结果都没有取得成功,因为这种墨水在阳光下褪色,而且用于实验也实在太过昂贵,更不要说在更大范围内使用了。他们的理论遭到摒弃,不过并未因此气馁的伍德兰离开了德雷克塞尔理工学院,搬到他父亲位于佛罗里达州的公寓里,开始研究新的设计。随后的一天,伍德兰想到了把莫尔斯电码当作一种"语言",开始用一根浮木在海滩的沙子上画出了他的第一个条形码系统。正如伍德兰所说:"我只不过是向下延长了莫尔斯电码的那些点和线,使它们变成了一些窄线和宽线。"随后他用一个 500 瓦的灯泡透射过纸张,将他的一些图案投影到一个"阅读器"上。不久以后,伍德兰又将他的编码系统排列成一个圆形,因为他觉得这样可以比较容易地从任意方向进行扫描。

1949 年 10 月 20 日,西尔弗和伍德兰为他们的"分类设备及方法"申请了一项专利,他们在其中描述了直线和靶眼两种印刷模式,并概述了读出每种编码所需的机械和电力设备。他们的专利于 1952 年 10 月 7 日获得批准(美国专利号 2 612 994),于是这两位年轻的发明家认为自己进展顺利。不过,伍德兰 1951 年在 IBM 公司找到了一份工作。当他一获得专利,就向公司的老板们透露了他的设计。他们断然拒绝,而在接下去的 10 年中,伍德兰都在尽力说服他的高级主管人员改变主意。1955 年,美国商会开会考虑哪些技术会在接下去的 20 年中取得进展,其中的重点话题之一是一种会改善库存管理和收款处的电子结账系统。即使如此,IBM 公司仍然不为所动。

1961 年,IBM 终于回心转意,对此想法委托开展了一项研究,研究结论是伍德兰和西尔弗的设计既实用又有趣,但也提出要可靠处理他们的编码所需的技术仍然有待开发。尽管有这一不足,但 IBM 还是出价想认购这项专利,不过到这时,伍德兰也已经吸引了电子工业巨头"飞歌"的兴趣,因此他在 1962 年将专利卖给了后者。

与此同时,一位名叫科林斯(David Collins)的大学本科生当时正在为宾夕法尼亚州铁路公司工作,他在考虑的是日益增长的对自动识别铁路货车车厢的需要。1959 年,他开始在西尔瓦尼亚电器产品公司工作,很快就开发出一套被他称为 KarTrak 的系统,这套系统采用附加在货车车厢外部的红色和蓝色反光条。它们是用一个 10 位数进行编码的,这个 10 位数为拥有这些车厢的那家公司所独有,并且也能识别每辆车厢。从每组独一无二的反光条所反射出来的光线随后被输入一个能够辨别红色和蓝色的光电倍增管。波士顿和缅因州铁路在 1961—1967 年间在他们装砾石的货车上对柯林斯的发明进行了测试。美国铁路协会从 1967 年 10 月 10 日开始在所有铁路车厢上安装 KarTrak 识别系统。不幸的是,又一场经济萧条的发生导致 20 世纪 70 年代初整个这一行业中发生了若干起破产。再加上尘雾和灰霾导致的不可靠性这一事实,这就导致 KarTrak 的安装在 1978 年遭弃。

虽然铁路方面的实验以失败告终,但是新泽西州的一座收费桥委托制造了这个系统,作为一种扫描展示其月度通行证的车辆的方法。其后不久,美国邮政局也采用了一种类似的技术来监控进出其库房的货车。接下去,宠物食品制造商"伟嘉"公司委托西尔瓦尼亚电器产品公司提供了一种比较廉价的装置,用于简化其仓库及分销机构的跟踪过程。最后,沉睡的巨头 IBM 公司完全接受了这种想法,并委托一个小组去开发一种可以印刷在所有商品上的条形码系统。而到 1973 年,IBM 已说服许多食品杂货制造商和零售商,他们会从这种新的、能识别其所有商品的扫描方式中获益。开发者们预言,到 1975 年,所有消费品中有 75% 会做上这样的标签。但是两年后,实际的情况是只有 200 家零售商店在其结账台上配备了扫描机器。

显而易见,一种通用型扫描系统能发挥作用的唯一途径,就是大多数零售商都安装上扫描器。直到他们这样做了,供应商们才会愿意花钱得到并在他们的包装上印制出独有的条形码。这是零售商和供应商之间的一场僵局,任何一方都不想在另一方之前瞎用掉他们辛苦赚得的钱财。假如条形码不能推行到所有商品,那么零售商还会有什么理由去购买一台昂贵的扫描机器呢? 而假如零售商们没有读取条形码的手段,那么供应商又有什么理由去印制它们呢?《商业周刊》(*Businessweek*)杂志很快就以"失败的超市扫描器"对整个倡议嗤之以鼻。

不过,有新闻报道说,那些安装了扫描器的零售商们报告,在前 6 个星期内销售额提升了 10—12%,而且这些较高的销售水平还在继续。供应商们很快就能够证明,每台已安装扫描器的投资回报都超过 40%,而到 20 世纪 70 年代末,已有超过 8000 家商店转向了使用扫描的销售结账手段。但是在全球范围来说，这还不够。还有来自那些看来最不可能出毛病的地方的反对和愤恨。阴谋论者认为扫描技术是一种监视侵入手段而拒绝使用，而一些基督教团体则大声抱怨说，每个编码中都秘密使用了 666，这是代表魔鬼的数字。一些电视主持人提出警告说，条形码是一项"企业针对普通消费者的阴谋"。令人高兴的是，所有这类考虑欠妥的反对意见最终都被一一压服，条形码系统得到完善、更新，并随后推行到世界各地。它们很快就被印刷在能够想象得到的几乎每一件商品上，包括药物、飞机票和病人的腕带。西尔弗和伍德兰 1948 年的最初设想克服了重重障碍，在半个世纪之后最终成为我们日常生活的组成部分。完全是由于我们有了条形码，我们才不必把每个周末的大部分时间用于在现今繁忙的零售商店里去排一字长蛇阵。

飞机是有趣的玩具，但并没有任何军事价值。

法国高等军事学院战略教授

福煦元帅（Marshal Ferdinand Foch），1904 年

马口铁罐头

阿佩尔响应拿破仑的号召,设计出真空密封瓶来为法国军队保存食物(参见"为什么基辅鸡肉居首"一节)。然而令人啼笑皆非的是,与此同时一位名叫杜兰德(Peter Durand)的英国商人于1810年获得了马口铁罐头的专利。由于当时英国与法国(像往常一样)正在交战,因此这位小个子法国人并未掌握这一设计。

不久之后的1813年,霍尔(John Hall)开设了世界上第一家商业罐头厂,但是其出产缓慢且拖拉,每小时只能制作出6罐。还要再过33年后,埃文斯(Henry Evans)才发明出一种机器,将产量提高到大约每小时60罐。不过,这些早期的马口铁罐头既不实用也不受欢迎。一开始,它们又厚又重(比它们的内容物还重),而且它们必须用锤子才能打开。使用说明要求既用锤子又用凿子,因此不消说,罐装仍然远远落后于瓶装。

这种情况直到1858年才出现转机,当时的罐头变薄了,因此有可能制作出一种特别用来开启它们的工具。第一个开罐器的专利于1858年颁发给康涅狄格州沃特伯里的叶尔扎·沃纳(Erza Warner),而其大批量生产正好及时赶上美国内战。到这时,士兵们的军粮配给是罐装定期运送的,而到战争的后几年,著名的腌制"咸牛肉"得到定期供应。1865年,正当战争接近尾声时,"牛头"开罐器发明了,并分发到整支队伍中。在第一个马口铁罐头发明的整整50年后,开罐器才问世。

这些得到了快速的发展,短短1年后奥斯特豪特(J. Osterhoudt)获得了一项附带钥匙开罐器的马口铁罐头专利,可以用这把钥匙来去除罐顶部周围一圈窄带,以易于获得内容物。随后的1870年,莱曼(William Lyman)设计出使用一个滚轮在罐顶部滚动并将其切开的经典开罐器。不过还要再过半个世纪,才有

> *我们现在已经达到了计算机可以达到的极限。*
>
> 冯·诺依曼①, 1949 年

旧金山的星辰罐头公司为其中一个滚轮增加了锯齿状边缘。这个滚轮被称为输送轮,会在切割罐头的时候夹紧其边缘。这是到现在仍然在使用并且广受欢迎的设计。令人难以置信的是,除了改成电动以外,没有任何人能够对这种基本设计再加以改良。从马口铁罐头的发明,到大批量生产一种实用的开罐器,总共花费了超过一个世纪的时间。

---

① 冯·诺依曼(John von Neumann),匈牙利裔美国数学家,现代计算机和博弈论的重要创始人,在泛函、遍历论、几何、拓扑和数值分析等众多数学领域及计算机学、量子力学和经济学中都有重大贡献。——译注

到地下去

——你想把蒸汽火车驶向何方？

在伦敦完工的第一条地面铁路线是从格林尼治到伦敦桥,这条线路从 1836 年开始运营,尽管前皇家工程师兰德曼上校(Colonel George Landmann)早在 1824 年就最先提出了这一建议。1833 年,议会通过了一项法案,才最终批准建造这条铁路,当时的打算是最终一直延伸到多佛,那是英格兰通往欧洲的主要门户。尽管罗伯特·斯蒂芬森的"火箭号"蒸汽发动机直到 1829 年才出现,不过国家铁路网的整个想法从 18 世纪初就开始讨论了,当时用铁轨导向的马拉车已成为英格兰各大主要城市的一道风景线。正是蒸汽发动机激发了一些更为宏大的计划。事实上,铁路网计划雄心之大,致使地下铁路线的第一份提议早在 1830 年就递交了,而那时离第一条地面铁路完工还有 6 年。随着城际网的发展,建设一个连接伦敦各大主要站点的地下铁路系统的计划也在逐渐形成,但是这些计划遭到了议会的抵制,反对意见也非常猛烈。让装满乘客的蒸汽火车在深深的伦敦街道下方通过封闭式隧道运行,这种想法简直就是毫无可能办到的。

在 20 年间的大部分时间里,这场争论一直在继续,而地面铁路网变得越来越繁忙、越来越成功。当时正在发生着一场移民潮,繁荣的社区在那些距离伦敦最多 1 小时火车车程的各车站周围兴起,因为城市中的工人们变成了通勤者。但是伦敦当局仍然拒绝通过地下铁路线将这些站点与伦敦城、威斯敏斯特区、舰队街①相连接,或者将它们彼此连接。地面火车不允许超过它们现在终止

---

① 伦敦城和威斯敏斯特区是大伦敦组合城市区的构成部分,是大伦敦各区中两个拥有"城市"地位的区。舰队街是英国伦敦市内一条著名的街道,以邻近舰队河而得名。——译注

的地方,再进一步向首都内部扩张。而这就意味着每天早晨会有将近100万新通勤者到达这座城市,而除了步行以外,没有任何其他方法能送他们去工作的地方。到19世纪50年代,伦敦不仅是世界上最大的工业中心,也是全球贸易的金融中心,以及欧洲最为繁忙的港口之一。这种运输的大幅增长自然导致了交通水泄不通,马拉的车辆、通勤者、手推车、进口商品、出口商品、男人、女人、小孩、动物,全都在竞争那些同样狭窄街道上的同一空间。这就需要一个宏大的解决方案,来把伦敦边缘上的各大站点与这个城市的中心连接起来,而最终只有一条路可走。它们要往地下去。

第一条地下线路背后的推动力是激进的兰贝斯区议员和伦敦城法务官皮尔逊(Charles Pearson),他为了在帕丁顿站和伦敦城之间建设一条线路而奔走活动。皮尔逊知名的原因在于他支持女权运动(她们在19世纪中期没有多少权利可言)、废除死刑、改革刑法,以及在涉及陪审员选任时支持对贿赂的严厉惩罚。作为人民一员,他利用自己作为伦敦城法务官的职位,提倡改善交通运输,尤其是使用隧道。

1845年,皮尔逊出版了一本小册子,其中概述了用一条大气铁轨来建成一条连接到金融区的隧道所带来的好处,这种铁轨会利用压缩空气来推动车厢通过隧道。他的计划遭到拒绝,他的提议也受到嘲弄。翌年,他获得了伦敦城法团①的支持,提议建设一条连接到法灵顿的直达铁路线,然而大都会铁路终点站皇家委员会再次否决了他的计划。1856年,另一个皇家委员会成立了,目的是汇报伦敦日益严重的拥堵问题,而皮尔逊又一次加入了辩论。他写道:"导致这座城市过度拥挤的原因,首先是人口和周围地区面积的自然增长;其次是外省乘客们通过伦敦北部的大铁路大批涌入。而由遥远的车站驶来的公共汽车和

---

① 伦敦城法团是伦敦的自治组织和地方政府,辖区只涵盖伦敦市中心的老城区伦敦城面积大约1平方英里的区域。——译注

出租车,运载着外省乘客们往返这座城市的中心,它们在街道中也导致了阻塞。接下去我要将矛头指向我会称之为流动人口的大幅增加,这些人如今在乡村和城市之间流动,每天下午离开伦敦城,然后又在每天早晨返回。"

这一次,有许多建造地下铁路线的提议,不过还是全都遭到了抵制。许多反对建造地下铁路的意见都集中在深挖隧道的困难方面,尤其是水下隧道。而以前许多次尝试的最终结果不仅没有成功,还丢失了生命。我们在这里值得记住的是,1830—1860年间还没有电,得使用蒸汽动力以及依靠肩扛手挑去挖掘深埋的隧道,并且将巨量泥土搬运到地面上,这是非常棘手的事,甚至对于那些最好的工程师和最能吃苦的工人而言也是如此。不过这并不是唯一的问题,主要的阻碍是要吸引那些通勤者去实际使用地下交通网络。

除了矿工以外,大多数人以前都从未到过地下,而高速通过地下隧道的想法更令人毛骨悚然。许多维多利亚时代的小说家(好似他们那个时代的摇滚巨星)都在预言死亡和毁灭。恐怖小说家们正逢大好时光,而普通民众一想到在坟墓和阴沟的下方漫游就吓得要死。更糟糕的是,以《泰晤士报》(Times)为首的全国性报纸都在展开运动,发表激烈的社论反对地下有轨交通,并预言乘客们将浸泡在隧道湿淋淋的污水里,这些隧道里鼠害成灾,充满了从煤气总管道渗出的有毒烟雾。有警告称里面有震耳欲聋的噪音、蒸汽、烟雾,并令人窒息。1861年,有一篇著名的社论提及:"公共马车的乘客们会转而选择乘车穿行在污秽的伦敦地下触手可及的黑暗之中,这样的场景一想起来就会使人精神错乱。"他们接下去还预言说,地下铁路这种概念会在未来与别的荒谬事物联系在一起,比如在英吉利海峡下方建一条隧道的计划。还有其他人提出,那些无家可归的家庭会搬进这些隧道,于是整个社区中会出现大量白化病儿童,他们永远不见天日,并且说着"带喉音的语言"长大。

不过地面以上的问题正在发生恶化,伦敦的出行变得越来越糟,而且愈发拥堵。最后,议会介入了进来。1854年8月7日通过了一项普通议员议案:在帕丁顿与法灵顿之间建造大都会铁路连接,而这正与皮尔逊 9 年前的提议完全相同。皮尔逊尽管没有直接参与,但他利用自己在伦敦城的影响,为这条线路的建造筹款 100 万英镑,并撰写出更多小册子以提倡这个项目。考虑到他住在伦敦城以南的旺兹沃思,绝不会需要乘坐这条线路,因此这是一项慈善之举。到了 1860 年,筹款完成,于是开始动工清除贫民窟,并在伦敦最繁忙的那些街道下方开挖一条隧道。不幸的是,皮尔逊没能活到看见这世界上第一条地下铁路的完工,因为他在 1862 年 9 月 14 日死于水肿(积液),此时距离当时的大都会线通车还有 4 个月。

你能错得多离谱?

里斯曼(David Riesman)是一位美国社会科学家,他在 1967 年冒天下之大不韪,讲了这句话:"如果有什么事情或多或少会保持不变,那将是妇女的地位。"

在运营的第一年中,就有超过 900 万乘客使用这条地下铁路。而仅仅在两年前,具有影响力的《泰晤士报》还曾确信地预言过"绝不会有人去乘坐"。在接下去的 50 年间,"伦敦地铁"逐渐成为世界上最大、最赚钱的地下铁路网,并影响到了数百个其他过度拥挤城市中的类似项目。

一些偶然的发明

糖精

　　什么东西是粉红色的、一小包的,而且你几乎走到哪里都能看到? 当然是在任何供应咖啡或者茶的地方。1879 年,化学家法尔贝里(Constantin Fahlberg)在约翰斯·霍普金斯大学工作。当时他正在分析煤焦油的各项化学性质,这是煤的一种副产品。他的职责是要为这种自然资源找到一些另类的、有利可图的用途。在实验室里度过了特别漫长的一天以后,法尔贝里回到家,发现他的妻子烘焙了一盘他特别喜爱的饼干,于是这位饿坏了的化学家就狼吞虎咽地吃了起来。他注意到的第一件事情是,他的饼干尝起来要比通常的甜得多,于是问妻子加了多少糖。她向法尔贝里保证说,采用的就是与平常完全相同的配方。这时他才意识到自己工作后没有洗手。他尝了一下自己的手指后立即明白了,煤焦油的副产品之一原来是一种天然的甜味剂。法尔贝里将他的发现起名为"糖精",意思是与糖"相关"或"相似"。尽管很快就可以在市场上买到这种无热量的糖的替代品,但是一直要到第一次世界大战期间糖短缺时,法尔贝里的这项偶然发现才迎来了全球分销市场。

爸爸棒冰

　　1905 年，加利福尼亚州奥克兰市的埃珀森（Frank Epperson）开始用苏打粉、水果调味料和水来做实验，努力想发明出他自己的苏打饮料，这时他年仅 11 岁。这并没有什么异乎寻常，因为苏打和水在当时是一种流行的混合配方，而且当时人们惯常自己来配制饮料。在一个寒冷的冬日傍晚，埃珀森被叫进屋，他将他的实验器材留在了门廊处。夜间温度降低到了零度以下，第二天早晨，埃珀森发现他的水果味苏打饮料全都冻硬了，每一份里还留着一根搅拌棒。很显然，他尝了尝，拿去给他的朋友们看，还让他们尝试了他的冷冻样品。在随后的若干年中，他完全忘记了自己的这项偶然发明。

　　然后在 1922 年，有人要求埃珀森为当地消防员的筹款舞会做点贡献，于是他带着尽可能多的棒冰去了。棒冰深受欢迎，几分钟内就销售一空。埃珀森感觉到了其中的商机，就为他的"棒子上结的冰块"申请了一项专利。他将自己的发明称为"埃珀森冰柱"，并开始制作许多不同的口味，用来款待他自己的孩子

们。孩子们叫他爸爸，于是也就开始把它们称为"爸爸棒冰"，这一名字后来驰名国际。两年后的 1925 年，埃珀森将他的棒冰专利权卖给了纽约的乔·洛公司，该公司开始分销棒冰，以 5 美分一根的价格卖给孩子们。

不久以后，这个品牌已扩展到包括软糖棒冰、梦幻棒冰和奶油棒冰，而在 1965 年，联合食品公司获得其专利权。如今，美国人每年要购买几亿支棒冰，可以购买到 30 多种口味。许多相互竞争的制造商生产出棒冰的一些变化形式，但是公平地说来，无论你吃过什么形式的冰棍，都可以追根溯源到一个多世纪以前的一个寒冷的冬日夜晚，一位叫埃珀森的 11 岁男孩的偶然发明。

万艾可

20 世纪 90 年代,在肯特郡三明治村的一间为美国制药业巨头辉瑞做研究的化学机构中,一组英国科学家正在研究一种被称为枸橼酸西地那非的物质。他们希望开发出一种新的、更有效的方式来控制高血压、高原反应和心绞痛。辉瑞期望这种药物能缓解心绞痛导致的衰竭性胸部疼痛。一些早期样品被送往斯旺西的莫里斯顿医院,在奥斯特洛(Ian Osterloh)的监管下进行测试。在归纳总结这些测试时,奥斯特洛注意到这种药物对于缓解心绞痛效果甚微,不过他确实观察到几种不良副作用,包括头痛、潮红、鼻塞、视觉模糊和有力勃起。稍等一下,"不良副作用"?辉瑞很快就注意到了这种新药物的潜力,并在 1996 年申请了一项专利。美国食品和药品管理局于 1998 年 3 月 27 日批准其用于治疗勃起功能障碍。

在美国参议员多尔(Bob Dole)和巴西足球传奇人物贝利(Pelé)出色地为其代言后,这种商品名为"万艾可"的药物很快就投放美国市场。尽管选这两个人作宣传显得奇异至极,这场广告活动却取得了巨大的成功。万艾可的销售量很快达到每年 20 亿美元。关于万艾可,还发现了其他一些用途,不过我们只能想象这些结论是如何得到的,以及是谁委托进行了这些测试。其中包括一所阿根廷大学发现,万艾可降低了仓鼠的时差反应;专业运动员相信,他们的血管扩张会提高成绩;还有以色列和澳大利亚分别开展的独立研究断定,在一花瓶水中溶解 1 毫克万艾可,会延长瓶中插花的保鲜期。我很想在那些科学家宣布这一特别发现时就待在现场,我真想知道他们原来的想法,当时他们打算发现什么。

可口可乐

约翰·斯蒂思·彭伯顿(John Stith Pemberton)出生在佐治亚州的诺克斯维尔,他是一位参加过边境战争的老兵、富有传奇色彩的南部联邦将军约翰·克利福德·彭伯顿(John Clifford Pemberton)的侄子。在十几岁时,年轻的约翰·斯蒂思·彭伯顿注册进入位于梅肯的佐治亚改革医学院,并在 19 岁那年毕业,拿到了药剂师从业执照。到 1865 年 4 月,随着美国内战接近尾声,约翰·斯蒂思·彭伯顿跟随他那位著名的叔叔加入南部联邦军,在第 12 骑兵团服役。他在佐治亚州发生的哥伦布战役中负伤。约翰·斯蒂思·彭伯顿在近距离拼刺刀的战斗中被军刀砍中胸部。如同在当时许多伤兵中常见的那样,他对用来减轻痛楚的吗啡逐渐上了瘾。作为一名受过训练的药剂师,约翰·斯蒂思·彭伯顿开始用不含鸦片的替代品来做实验,力图治愈自己的药瘾。而他的第一个成果"塔格尔博士金梅草复合糖浆"很快成为一种广受欢迎的、成功的止咳药。

约翰·斯蒂思·彭伯顿的下一个用植物古柯和可乐果混合物所做的实验变成了"彭伯顿法国葡萄酒可乐",销售对象是知识阶层。约翰·斯蒂思·彭伯顿将这种饮料描述为一种"对医师、律师、学者、诗人、科学家和神学家们有益的药品"。约翰·斯蒂思·彭伯顿宣称他的药品会帮助任何"致力于极端脑力运用"的人。事实上,约翰·斯蒂思·彭伯顿的整个配方看起来就是古柯碱与法国葡萄酒混合在一起,而这事实上是一位巴黎药剂师马里亚尼(Angelo Mariani)在 1863 年首先采用的。马里亚尼的"马里亚尼葡萄酒"立即在社会精英阶层中流行开来。柯南·道尔(Conan Doyle)、大仲马(Alexandre Dumas)和凡尔纳这些作家都作为其铁杆爱好者而闻名。显然,教皇利奥十三世(Pope Leo XIII)无论去哪里都会随身携带一瓶,甚至为马里亚尼的发明而给他颁发了一枚奖章。

在美国,约翰·斯蒂思·彭伯顿为他自己对马里亚尼的调制品进行变动后的补酒作了许多肆无忌惮的宣传,其中包括这是一种"性器官的强壮剂"。

1885 年,亚特兰大市和富尔顿县采纳禁酒令,于是驱使约翰·斯蒂思·彭伯顿为他的这种流行"药酒"开发出一种无酒精配方。他很幸运,新法令没有限制古柯原料的使用,因此他的无酒精古柯碱制剂毫无意外地变得非常受欢迎。不幸的是,它作为一种药品而言,对其创制者不怎么奏效,约翰·斯蒂思·彭伯顿病倒了。他当时正濒临破产,一开始他想为他的儿子查尔斯保留可口可乐的专利权,但查尔斯自己也正处在破产边缘,因此说服他父亲在 1888 年以区区550 美元的价格出售给坎德勒(Asa Griggs Candler)(后来历史学家们提出,约翰·斯蒂思·彭伯顿在销售契约上的签名是伪造的,伪造者很可能就是查尔斯本人)。约翰·斯蒂思·彭伯顿这时 57 岁,生病、绝望、仍然对吗啡上瘾并遭受着胃癌痛苦的他在这一年的 8 月去世。他的儿子查尔斯继续出售他父亲发明的一种替代品,他于 6 年后去世,他本人也对鸦片上瘾。

因此,正是坎德勒这位虔诚的、滴酒不沾的卫理公会派教徒将可口可乐变成了一种全国流行的苏打饮料。他自己也在此过程中成为一位身家数百万的富翁。如今,多亏亚特兰大市和富尔顿县的禁酒运动,可口可乐——这个约翰·斯蒂思·彭伯顿的偶然发明,每天都要分销出近 20 亿份到全世界各地的200 多个国家。

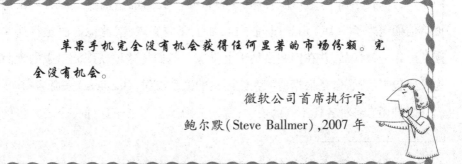

苹果手机完全没有机会获得任何显著的市场份额。完全没有机会。

微软公司首席执行官

鲍尔默(Steve Ballmer),2007 年

汉堡包：从一种德国小吃到美国标志

　　汉堡包被普遍公认为是美国的招牌食物，据估计那里每年吃掉的汉堡包超过 140 亿个。因此你就能看出，作为汉堡之乡就可能意味着一笔大生意，而这确实就是威斯康星州西摩尔这个小镇所自称的。西摩尔的汉堡包名人堂颂扬的就是汉堡包的历史，而这个镇上每年举行为期一天的汉堡包节，则包括游行和主题与汉堡包调味料有关的竞技项目，其中有著名的番茄酱滑行①。1989年，在此节日期间制作出了世界上最大的汉堡包，重达 5500 磅。早在 1885 年的首次西摩尔集市上，正如这个小镇告诉其来访者们的那样，15 岁的查尔斯·纳格林（Charles Nagreen）在他的货摊售卖碎肉饼。这位后来著名的"汉堡包查理"（Hamburger Charlie）很快就想明白，他的肉丸不畅销的原因是由于顾客们不能轻易地用手拿着边吃边四处走动。因此查理将他的肉丸压扁，将它们夹在两片面包中间出售，并将它们称为汉堡包。这个名字来自当时早已流行于北部各州的汉堡牛排。

　　纳格林在其余生继续在乡村集市上售卖汉堡包，并成为当地名人，一直到他去世时才宣称是这种快餐形式的发明者。不过还有一个与之竞争的宣称，时间也追溯到 1885 年。根据后者的故事，制作香肠的弗兰克·门彻斯（Frank Menches）和查尔斯·门彻斯（Charlies Menches）兄弟的猪肉供应商有一次意外地给他们送来了牛肉。由于时间紧迫，加上资源有限，因此他们决定将这些牛肉煮熟作为替代品，并在伊利县集市上供应。他们将这种新配制出来的食品称为汉堡包三明治，这是根据他们在纽约州的家乡汉堡（Hamberg）来命名的。

　　此外还有各种各样不同的说法：就连美国国会图书馆这样一个公共机构都

---

① 番茄酱滑行的参赛选手用腹部在铺满番茄酱的滑道上滑行，滑行距离最远者获胜。——译注

认为康涅狄格州纽黑文市的路易斯午餐厅在 1895 年制作了美国第一个汉堡包。但是卓越的汉堡包历史学家们(是的,确实存在这样的一批人)则不能苟同,他们反而印证了在圣路易斯举行的 1904 年世界博览会上的"老戴夫汉堡包摊"为汉堡包的最初发明者。这个摊主戴维斯(Fletcher Davies)是得克萨斯州雅典市一家餐馆的老板。事实上,他们的论据如此令人信服,以至于得克萨斯州立法机构因此在 2006 年 11 月将雅典市确定为"汉堡包的最初家园"。美国人还真把这当成一回事呢!

安全玻璃

1903 年,法国艺术家、科学家贝内迪克特斯(Édouard Bénédictus)在他的工作室中独自工作,这时他爬上一把活动梯子去拿架子顶端的东西。贝内迪克特斯在架子上摸索时,不慎撞倒了一只沉重的玻璃烧瓶,而且没能及时阻止它摔倒在地。一声巨响过后,当他爬下来查看混乱状况时,惊奇地发现这只烧瓶虽然摔碎了,但仍然保持完整。事实上,它几乎没有改变形状。贝内迪克特斯从来没见过类似的情况,于是决定一探究竟。他很快就意识到,虽然这只烧瓶是空的,但是以前曾经装满过一种硝酸纤维溶液。这是一种透明的液态塑料,倒空后在玻璃内壁上留下了一层薄而清澈的薄膜涂层。显而易见,有一位助手太懒了,没把它完全洗干净,而是直接将它放回到架子上。

最初,这位科学家几乎没有去想自己的这一发现。随后在同一个星期的晚些时候,贝内迪克特斯一天早晨在读报时无意中看见一篇专题文章,内容是关于汽车的新款式,更确切地说是在巴黎的司机之间发生的一系列撞车事故。他读到,他们中的大多数人都因挡风玻璃碎裂和玻璃片飞溅而伤势严重。他后来在个人日记中记录如下:"突然之间,在我眼前出现了那个打碎的烧瓶的画面。我一跃而起,冲往我的实验室,全神贯注地研究我的想法在实践上的可能性。"

接下去的 24 小时,贝内迪克特斯一直在做实验:用液态塑料层包裹玻璃物体,然后摔碎它们。他后来记录道:"到第二天傍晚,我已经制作出了我的第一块三层玻璃,这让未来充满了希望。"但是汽车业对此存在着抗拒,拒绝任何安全挡风玻璃的想法。因为他们已经在苦苦挣扎于降低汽车的成本,汽车在当时仍是一件昂贵且不必要的奢侈品。当时的普遍态度是,为道路安全负责的应是司机而不是汽车设计者。对于发生事故时避免伤害或是将伤害减到最小,汽车设计者们完全不感兴趣。

贝内迪克特斯要再等上 10 年时间,直到第一次世界大战爆发,他的发明才会应用到制造防毒面具上去。军工设计师们发现用塑料溶液为椭圆小透镜涂层相对比较容易,而这提供了当时迫切需要的那种保护。假如没有贝内迪克特斯的偶然发明,那么即使是防毒面具的运输过程也可能会导致其甚至在运抵前线之前就产生很高的破损比率。汽车制造商们只有在了解到安全玻璃在战斗情况下的好处以后,他们才会最终在其设计中开始应用这项新技术。

> 越来越多的证据显示,吸烟具有药理效用,这是对吸烟者们产生的实际益处。
>
> 菲利普·莫里斯烟草公司董事长,1962 年

青霉素

　　青霉素的发明很有可能是有史以来最著名的偶然发明,这是一个学童们代代口耳相传的故事。不过,为防万一你没有听到过,我们会在这里再重复一遍。

　　亚历山大·弗莱明(Alexander Fleming)是一位英国植物学家、药理学家和生物学家,他在伦敦的一家船运营业部工作了4年,直到他从叔叔那里继承到一笔遗产,才使他有能力于1903年在位于帕丁顿的圣玛丽医院医学院注册入学。21岁的弗莱明对于科学或医学都没有特别的兴趣,但他的哥哥已经是一位内科医师,力劝幼弟明智地使用这笔钱,为获得一门专业性职业而学习。弗莱明在1906年获得学位,以优异的成绩毕业。他在圣玛丽医学院期间曾是学校射击队的主要成员,而队长迫切盼望他留在队里,因此将他推荐到医学院的研究部门。在那里,他成为免疫学和疫苗研究领域先驱赖特爵士(Sir Almroth Wright)的助手。1914年战争爆发时,弗莱明参了军,并在皇家陆军医务队中担任上尉。在此期间,全世界都读到了关于各方士兵受害于新型自动机关枪、爆炸性炮火和芥子气的报道。

　　但是这位年轻的战地医生开始注意到某种比现代战争武器还要危险得多的东西。弗莱明意识到,导致大多数伤亡的原因是在贯穿整条西部战线的战地医院中治疗轻伤时所引起的感染。当时治疗开放性创伤的主要方法是使用一种供应充足的廉价杀菌剂。而弗莱明很快就清楚地意识到,这也许比不进行任何治疗更加危险。他不愿意接受现代医学的这种低效状态,立誓要将自己的职业生涯致力于鉴别、理解和抵抗感染。他尤其积极地去寻找一种比他认为的"致命"杀菌剂较为安全的治疗方法。战争结束后,他回到圣玛丽医院,并且在赖特爵士的鼓励下研究杀菌剂和它们的非预期效应。1923年,他作出了一项重大发现,在人体黏液中鉴定出溶菌酶。弗莱明观察到这种自然出现的杀菌剂是如何保护人类免疫系统免遭某些细菌侵害的。

　　到1928年,弗莱明领导了一个研究小组,研究在各城市区域散播疾病的那些常见细菌。人们原本预期弗莱明作为伦敦大学①的细菌学教授,可以树立一个榜样,但事实上正是由于他的不修边幅,才改变了医学界,使人类对抗疾病的努力实现现代化,并拯救了数百万生命。那一年的8月,这位教授与家人去度假,他在离开前将所有设备都堆叠到他不整洁的实验室一角,其中包括一些皮氏培养皿。9月3日发生的著名事件是,弗莱明度假回来,他在摆开设备时注意到,他在离开前没能彻底清洁它们。其结果是,他观察到其中一份样品遭到真菌污染,而直接围绕在其周围的细菌都被杀死了。他正打算将它丢弃,这时他把它拿给以前的助手普赖斯(Merlin Price)看,前助手提醒他:"你就是这样发现溶菌酶的。"在接下去的几个星期中,弗莱明开始用霉菌做实验,结果发现他可以轻易制造出一种自然杀死大量有害细菌的物质,这些细菌中有许多都会导致疾病。弗莱明后来回忆道:"当我在1928年9月28日破晓时分醒来时,我当然并没有计划去通过发现世界上第一种抗生素或者说细菌杀手去彻底变革整个医学。不过,我想这正是我确实做到的。"

　　弗莱明确定自己的发现是青霉菌属的一部分。因此在将它称为"霉汁"好几个月之后,他在1929年3月7日发表了一篇描述"青霉素"的论文。另外两位科学家:一位是名叫钱恩(Ernst Chain)的纳粹难民,另一位是澳大利亚的弗洛里(Howard Florey)。他们进一步开发了弗莱明的青霉素,这样就可以将其作为一种药物生产,而这种药物立即见效,不过当时其供应量仍然有限并且昂贵。他们必须要等到1940年第二次世界大战爆发,美国制药公司才开始大批量生产青霉素。弗莱明由于他的偶然发现而蜚声国际。1943年,他被选为英国皇家学会会员,1944年因其对医学的贡献而被授予爵位,并与钱恩和弗洛里分享了

---

① 圣玛丽医院在当时曾属于伦敦大学。——译注

1945 年的诺贝尔医学奖。他做出那项改变他生活的发现时所在的那间在帕丁顿的圣玛丽医院中的实验室，已作为弗莱明实验室博物馆保存了下来。

有一个津津乐道的故事讲述弗莱明与坚忍不拔的英国战时首相温斯顿·丘吉尔之间的关系。慎重申明，我并不相信这是真实的。不过这仍然不失为一个好故事，它大致如下所述。

休·弗莱明（Hugh Fleming）是一名贫穷的苏格兰小农场农民。他首先得通过耕种土地来养活他的幼小子女，并让他们穿暖。不过相比于他自己所能忍受的，他梦想着为他们提供更好的未来和更好的生活。一天早晨，这位农民听到从附近的一块田地里传来呼救声，于是他丢下农具，向声音传来的方向跑去。在那里及腰深的、烟雾弥漫的苏格兰沼泽里，有一个受到惊吓的男孩被陷住并且正在往下沉。老弗莱明不顾自己的安危，直奔过去把这个男孩从危险中拉了出来，将他从必死无疑的境地中解救了出来。

第二天，一辆豪华的马车停靠在一幢朴实的村舍边，一位贵族下车来会见这位农民。他自我介绍是老弗莱明救下的那个男孩的父亲，并坚持说他想要酬谢这位农民，以表示他的由衷谢意。但是老弗莱明拒绝了，他表明自己所做的只不过是其他任何人在同样情形下都会做的事。这个时候，农民自己的儿子来到父亲身边。这位贵族问道："这是你的儿子吗？"老弗莱明自豪地说是的。贵族说："这样的话，我要给你许下一个承诺。我会带走这个男孩，并为他支付金钱能够买到的最好教育。如果他多少有点像他父亲的话，那么他就会成长为一个我俩都引以为傲的男人。"

这位农民看到儿子面临逃离贫穷生活的机会，同意了这一安排。这个男孩从此受益于最好的教育，最终毕业于伦敦圣玛丽医院医学院。他后来因为对医学所作出的贡献而被授予爵位，并成为著名的亚历山大·弗莱明爵士、青霉素的发现者。几年后，这位贵族自己的儿子身染肺炎、病体沉重。结果正是这位小农场主儿子的青霉素挽救了他的生命，真正报答了伦道夫·丘吉尔勋爵

（Lord Randolph Churchill）的善行。他的儿子，那个从沼泽里被拖出来的男孩，再一次由弗莱明家族救下了他的生命。而他就是温斯顿·丘吉尔爵士。

这是一个广为人知的故事，流传了很多年。不幸的是，看来它并不真实。《青霉素之父——亚历山大·弗莱明和抗生素革命》（*Penicillin Man-Alexander Fleming and the Antibiotic Revolution*）一书中引用亚历山大·弗莱明本人的说法否定了这个故事，说这是一个"奇妙的大众谈资"。我们知道，温斯顿·丘吉尔在 1946 年 6 月 27 日向亚历山大·弗莱明咨询过关于葡萄球菌感染的事，这种感染显然抗拒青霉素治疗法。不过，没有任何记录显示曾经有一位年轻的丘吉尔在苏格兰几乎淹死，也没有伦道夫·丘吉尔勋爵为亚历山大·弗莱明支付教育费用的记录。但是世事难料。

你能错得多离谱？

从 1885—1891 年期间，美国地质调查局宣布，在加利福尼亚州、得克萨斯州或堪萨斯州发现石油的概率接近或等于零，而美国内政部也在 1939 年预测，美国的石油储量只能再维持13 年。

遭禁的发明：是确实的还是市井传闻？

激光枪

激光枪是治愈所有癌症最有效的手段。没错,癌症的治疗方法已经被发现了。不过,许多人都认为美国医学协会曾经蓄意败坏这项发明的信誉,并下令掩盖事实。毕竟,这个世界上已经有足够多的人了,为什么要着手挽救更多生命呢?

冷核聚变

冷核聚变是一种在室温下安全稳定产生核能的过程。可以采用某种方式进一步对其进行开发,从而最终能为全世界人口提供免费能源。官方摒弃了这一可能性,进一步试验的经费也被取消。

电灯泡

　　最早的白炽灯泡是 1805 年由英国化学家戴维爵士（Sir Humphry Davy）发明的。不过还要再过 75 年，爱迪生才为它们发现了一种商用途径。随后的 1924 年，各主要灯泡制造商组建了"国际太阳神同业联盟"，其目标是要标准化灯泡配件。不过，许多人都相信组建这个同业联盟实际上是为了遏制长寿型灯泡的发明。这是一种永远不会需要更换的新设计。事实上，这个同业联盟还更进了一步，他们商定明确限定灯泡的预期寿命，这样就会提高更换之需。一些科学家声称，长寿型灯泡的专利及其技术信息都"埋藏在"某家主要灯泡制造商总部的"一个抽屉里的某处"。

　　应该指出的是，对此并无确实证据。不过我们知道，西方世界的平均灯泡使用寿命大约为 2000 小时，而在那些没有参加该同业联盟的一些东欧国家里，灯泡预期寿命大约是这个值的两倍。现代中国的灯泡估计可持久至这个值的 3 倍之长。要知道，尽管没有证据支持此类说法，但是我们知道德国钟表匠宾宁格（Dieter Binninger）发明了一种估计可连续使用 150 000 小时或者说 18 年的灯泡。不过，就在找到一家同意实际生产它们的制造商后不久，宾宁格就神秘地在 1991 年死于一场飞行事故，而他的发明也悄然从视线焦点中消失了。这是可疑的灯泡业谋杀事件，还是阴谋论？

时光穿梭观察机

这种机器开发时宣称，其使用者能够看到时光的过去与未来。它被认为是一场骗局而不见了踪影，但是也有些人相信它仍然存在且还完好，并在梵蒂冈得到进一步开发。

沃登克里弗塔

位于纽约州肖汉姆的沃登克里弗塔是特斯拉①进行无线电力供应实验的中心。许多人相信，特斯拉的研究当时已经有点眉目了。但是当投资者们意识到这样一来用电就无法用表计量了，而免费电力会导致零利润，于是他的经费就被撤回了。

---

① 特斯拉（Nikola Tesla），塞尔维亚裔美籍发明家、机械工程师、电气工程师，主持设计了现代交流电系统，并为现代无线通信和广播奠定了基础。——译注

破云器

用于人工降雨的"破云器"是由赖希（Wilhelm Reich）博士发明的，并且显然在 1953 年成功通过了测试。赖希是一位有争议的科学家，他后来被捕，而其科学笔记尽数被毁。

反重力装置

托马斯·汤森·布朗（Thomas Townsend Brown）通过使用以电引力推进作动力的圆盘，开发出一种反重力装置。其效果显然如此成功，以至于其开发立即被美国政府归类为最高机密，从此再无任何消息。

EV1 电动汽车

EV1 于 1996 年发布，是成功实现大批量生产的首批电动汽车。通用汽车公司毁掉了原型，并中断了所有其他研究，据称是由于受到了来自各石油公司所施加的压力。

水燃料电池

设计用于取代汽油的水燃料电池是由迈耶（Stan Meyer）发明的，但是他的专利申请在 1996 年被俄亥俄州法庭裁定为欺诈。有些人声称这项技术遭到了压制。归根结底，谁不想从自然提供的无限资源（海洋）获得免费能源呢？不过发明者迈耶也不会轻易放弃，因此围绕着他的死亡自然就存在着一些可疑的细节。

内爆发电机

假如奥地利发明家舒伯格(Viktor Schauberger)没有被迫保持缄默并且被他的商业伙伴们破坏名誉的话,那么这想必也会为所有人提供免费能源。

XA 项目

20 世纪后期,XA 项目据称已发明出去除致癌物质的较安全的香烟。有权有势的烟草巨头们痛恨这其中隐含着他们的产品不安全的意思,于是 XA 实验遭弃。

> 巴斯德(Louis Pasteur)的细菌理论是荒谬可笑的虚构。
>
> 图卢兹大学生理学教授
>
> 帕谢(Pierre Pachet),1872 年

你希望是你所作出的那些荒谬发明

Spanx 束腹衣

1996 年,25 岁的佛罗里达州立大学毕业生布莱克利(Sara Blakely)开始为一家出售传真机的办公用品公司工作。这家公司部分着装要求包括:女士们穿着连裤袜。这是布莱克利所痛恨的,因为佛罗里达州有着炎热的阳光,而她喜欢穿凉鞋。不过,她倒确实喜欢连裤袜最上面这一截,这会令她看起来比较苗条,并且这就隐去了通过她的外衣能够看到的内裤线条。布莱克利试验将它们刚好剪到膝盖以上,但是发现当她四处走动时,连裤袜材料会沿着她的双腿向上卷起。于是在接下去的两年中,她都在试验各种各样的材料,然后申请了一项专利。其后的 3 年中,她的 Spanx 束腹衣最初遭到她所接洽的所有制造商和零售商店的拒绝,直到海兰米尔斯公司老板的两个女儿都认可布莱克利的内衣,该公司才同意签订生产协议。Spanx 品牌在其交易的第一年赚得 400 万美元,目前估计价值为 10 亿美元。

塑料许愿骨

谁会想到这个? 用一根假的许愿骨来让孩子们在圣诞节或感恩节保持安静,而不是为把唯一的那根火鸡叉骨给谁而争论不休①。"时来运转许愿骨"的发明者阿鲁尼(Ken Ahroni)1999 年的这件智慧结晶如今让被宠坏的孩子们保持着快乐,其每年的销售额高达 250 万美元。然而,为什么我没有想到这个玩意儿呢?

---

① 折许愿骨是西方感恩节的习俗,两个人分别拿着火鸡胸部叉骨的一端,默许愿望后一起扯断,拿到中间顶部的一方,许的愿就会实现。——译注

Snuggie 毛毯衣

　　一种男女皆宜的、相当于身体长度的、带袖子的毛毯，这就是人们通常对 Snuggie 毛毯衣的描述。这种带袖毛毯 1998 年问世时名为"Slanket"，首次陈列在商店里时的商品名为"自由毛毯"（Freedom Blanket）。学生克莱格（Gary Clegg）的母亲为他制作了一件包裹全身的毛毯，上面只有一只袖子，这样他就能在寒冷的宿舍里穿着它而仍然能够用一只自由的手来做事。克莱格后来又加上了第二只袖子，创造出的这件产品一开始售价为14.95 美元一件、19.95 美元两件。经过变化后的 Snuggie 毛毯衣于 2008 年投放市场，到 2009 年底已售出 400 万件，目前全球销售额超过 5 亿美元。有一种罩于睡衣外的、双面可穿的罩衣的销售额也是 5 亿美元。

Headon 头痛缓解剂

这是一种蜡制品，其恼人的电视广告宣称，只要简单地将它在额头上来回摩擦就能治愈头痛。尽管没有任何科学研究支持这些断言（但是出于法律原因，我此时也不是说它没有效用），但是仅仅在 2006 年，这种东西就以每根 8 美元的价格卖出超过 600 万根。你会算出其中的销售额。

"机灵鬼"弹簧玩具

詹姆斯（Richard James）是一位海军工程师。在第二次世界大战期间的一天，他正在操作一根张力弹簧时笨手笨脚地把弹簧掉落在地。詹姆斯和他的同事们随后注视着这根弹簧利用其自身动量越过地板。战争结束后，詹姆斯决定用它来制作出一个玩具，但是他对此非常紧张，以至于在首次投放市场时要找一位朋友来给他做伴。我可以想象，他们俩看到第一批 400 个"机灵鬼"在一个半小时内就销售一空时的惊讶。不管这种售价 1 美元的玩具多么恼人，它接下去又卖出了 3 亿件，令詹姆斯暴富。1960 年，他收拾好一切，交托他的妻子去经营这项生意，并搬迁到玻利维亚。他在那里加入了威克理夫圣经翻译会①这一教派。他在那里一直待到 1974 年去世。

① 威克理夫圣经翻译会是一个活跃于全世界的福音派基督教传教团体，目前的总部位于新加坡。该团体致力于《圣经》翻译和培养《圣经》翻译者。——译注

豆豆娃

根本没人把豆豆娃当真，只有它的发明者泰·沃纳（Ty Warner）除外。他显然在他的第一次玩具展上就卖出了 300 000 件。这想必指的是订单，因为我们很难想象有人会带着这么多件玩具去参加产品发布会。反正谁又会计较这些呢，因为豆豆娃如今的销量已超过 50 亿，而且还在攀升。沃纳的身价估计为 30 亿—60 亿美元。

放屁机

这是智能手机的一个应用程序，它复制了 25 种放屁形式的声音，以取悦那些最浅薄的头脑。它甚至还具有"录下你自己的放屁声"这一特色功能。其发明者科姆（Joel Comm）必定是希望它能流行起来的，但是他绝不会预见到在其上传到 iTunes① 的头两个星期中，就以每次 1 美元的价格被下载了 114 000 次。这个放屁机应用在应用排行榜上登顶，并在榜上停留了 3 个星期，从而使其成为当时世界上最畅销的应用。目前认为这个应用已获得 100 多万次下载，为它的创造者赚到的钱已经超过了我愿意去想的程度。

---

① iTunes 是苹果公司推出的一款媒体播放器的应用程序，可连接到 iTunes Store 下载购买的数字音乐、音乐视频、电视节目、电影、游戏等。——译注

电子宠物

想象带着这样一个主意去参加一次会议：一只需要不断被关注才会让它安静下来或者防止它死掉的电子宠物。能接受它的，要么是一个勇敢的人，要么是一个傻瓜，或者两者兼之。直到它售出 7400 万件，为参与此事的所有人赚得数十亿美元。我想，当时一定到处觥筹交错。

黄色笑脸

1963 年，一家公关公司的设计师鲍尔（Harvey Ball）应邀为他们的客户之一想一个标识商标，这是一家人寿保险公司。他随手就立刻制作出了那个傻乎乎的、黄色的、微笑的卡通脸，并加上了"祝您有美好的一天"（Have a nice day）这些文字。几年后，伯纳德·斯佩恩（Bernard Spain）和默里·斯佩恩（Murray Spain）在计划开一家出售新奇物件的商店，他们觉得那个微笑的脸可以用来作为一个很好的标识，因此就买下了版权。随后他们将这个图案用在几乎所有他们能想到的东西上，包括钥匙环、飞盘和手提袋，并很快就开始制造众多带有笑脸商标的产品了。到 1971 年，销量总共已达到 5000 万，而这对兄弟的新奇物件商店正在扩展成连锁店。2000 年这一年，他们以可观的 5 亿美元卖掉了这笔生意。最初设计出这个商标的那个人为他画出的图而获得的酬劳是 45 美元。

荒诞的爬墙玩具

　　白田(Ken Hakuta)买下了一种玩具的专利权,这种玩具被扔出去时会粘在墙上,然后似乎会沿着墙往下爬。究竟是什么令他着魔到为此花费了 100 000 美元,谁都猜测不到。他的母亲在游览中国期间给他寄出了一个,于是肯确信这种玩具会在美国成为大热门。但是他错了,至少一开始是这样。销售进度缓慢得令人痛苦,但是随后《华盛顿邮报》(*Washington Post*)有人偶然发现了一个这种玩具,并就此写了一篇评论。随之而来的狂热导致这种爬墙玩具成为有史以来最大的潮流之一。据报道在仅仅几个月时间内就售出 2.4 亿件,在此过程中为白田赚到了可观的 8000 万美元。

大嘴鲈鱼比利

想必每个人都曾见过一条这样的鱼,或者至少听说过这种会唱歌的鱼。这在 20 世纪 90 年代期间成为一种必备的新奇事物。仅仅 2000 年,就以每条 20 美元的价格卖出超过 100 万条这种鱼。这谁又会想到呢?

百万美元首页

2005 年,21 岁的英国学生图(Alex Tew)想到了一种新颖的方法来筹措他的大学学费。他建立起一个单页的网站,以每个 1 美元的价格提供 100 万个广告展示位(每个一像素)。令人惊讶的是,www. milliondollarhomepage. com 旗开得胜,广告客户们蜂拥而来购买这个网页上的像素。图恬不知耻地宣称他自己是一名"像素应招者并且以此为傲",然后他就稳坐钓鱼台,看着钱滚滚而来。这个网站的启动时间是 2005 年 8 月 25 日,最后几个像素在 2006 年 1 月 11 日拍卖,获得的销售收入是 1 037 100 美元,相比之下,用于注册域名的启动成本不到 75 美元。这真是天才之举:年轻人,站起来鞠个躬吧。

> 原子能也许与我们目前的这些爆炸物不相上下,但是它不太可能更具大得多的危险性。
>
> 英国首相温斯顿·丘吉尔爵士,1939 年

以人名命名的发明

马克沁机枪

马克沁(Hiram Stevens Maxim)是一位美国发明家,他人生的第一份工作是制造车辆。后来他又担当过制图员和乐器制造者。他对其兄长的职业也有着强烈的兴趣,他是一位专攻炸药的军事发明家。1881年,马克沁移居英国,他在伦敦站稳了脚跟,并成为一名英国国民。当时他的工作是电气工程师(他在1878年声称自己发明了灯泡)。翌年,他获得了一个会改变他生活的顿悟。而这个顿悟也结束了其他成千上万人的生命。他后来回忆道:"1882年,我在维也纳遇到了一个我以前认识的美国人。他对我说'让你的电学和化学见鬼去吧。如果你想要赚到大堆的钱,那么就发明点什么东西,去帮助那些欧洲人更高效地互相割断喉咙。'"

马克沁认真思考这个建议后,便开始更加仔细地观察当时的步枪,结果注意到其强大的后坐力以及重新装填子弹所需的时间是两个明显的缺陷。一天,马克沁在步枪射击场时意识到,如果他能利用后坐力所产生的能量来为武器自动装填弹药,那么就能制造出顶级的急速射击和自动装填弹药的步枪。于是他便进入了机关枪业务。1883年6月,马克沁注册了他的专利,翌年10月,他已准备向全世界各地的军事领袖们演示他的新武器了。将军和政客们受邀来亲自射击这种"马克沁机枪"(Maxim Gun),而一场聪明的市场营销活动则将这种武器描述为"伟大的和平缔造者"。马克沁本人的一句著名的断言是,他的枪能"轰倒树木"。演示结果证明它确实可以。

英国政府订购了3挺。但是尽管这项设计通过了所有规定的测试,军方最高指挥部还是预测这种枪的用途有限。因此马克沁转向当时正在兴起的欧洲强国,即新近成立的德国,并安排了德国皇帝威廉二世(Kaiser Wilhelm Ⅱ)亲自观看的演示。这位德国皇帝折服了,因此授权使用这种武器。马克沁机枪以

"Maschinengewehr"（即德语"机枪"）的名称被分发到德国军队上下。不过令它初显威力的是英国，他们又多定购了几挺，并在 1893—1894 年发生的罗德西亚①第一次马塔贝勒战争期间，使用其中 4 挺击退了 4000 非洲勇士的进攻。尽管从战场上传来捷报，但是英国人仍然不确信。甚至一直到 1915 年第一次世界大战的备战阶段，黑格将军还宣称："机关枪是一种被过分高估的武器。每个营有两挺就绰绰有余了。"这种武器最终得到了重新设计、改进，并且为战争双方所使用，于是第一次世界大战夺走了数百万条生命。马克沁机枪远非和平缔造者，而很可能是 19 世纪最致命的发明。

---

① 罗德西亚现称津巴布韦。——译注

莱奥塔尔紧身连体衣

假如没有伟大的法国空中秋千表演者莱奥塔尔(Jules Léotard),真不知道今天的体操运动员和芭蕾舞演员们会处于何等境地？莱奥塔尔以其在巴黎弗兰科尼马戏团[Cirque Franconi,后更名为拿破仑马戏团(Cirque Napoleon)]的表演而闻名。1867 年利伯恩(George Leybourne)的那首传唱甚广的流行歌曲《表演空中秋千的可爱年轻人》(*The Darling Young Man on the Flying Trapeze*),灵感也来自于他。莱奥塔尔出生在图卢兹,他的父亲是一位体操教练。不过他年少时对于这项家族生意几乎没有显示出什么兴趣,而是宁愿学习法律。最终,他在 18 岁时开始在一个游泳池上方用绳索、吊环和横杆开始练习,并很快成长为他那一代中最受欢迎的演艺者之一。不过,他会被人们永远铭记的,或者有些人说是受人尊敬的,是因为他发明了具有鲜明特色的一件式演出服:他将上下服装编织一起,就可以既顾及行动的自如,又不会使松散的衣料与绳索或吊环纠缠在一起。表演者们很快就纷纷模仿这种演出服,如今这种演出服的英文名称 leotard 就是以这位伟大的莱奥塔尔的名字来命名的。

亚库齐按摩浴缸

任何人如果曾经说过："我不需要按摩浴缸，我只要在洗澡前吃豆子就足矣"，那么他就必须立即站起来离开这个房间。这是一项正儿八经的生意。亚库齐兄弟（共有 7 人）大约在 20 世纪初从意大利移居到美国。他们都在 1915 年接受了机械工培训。大哥拉凯莱·亚库齐（Rachele Jacuzzi）受到在旧金山举行的巴拿马太平洋博览会的启发，决定开始研究飞机螺旋桨的设计。他的木制亚库齐牙签式螺旋桨立即获得了成功，于是兄弟们决定在伯克利开一家名叫亚库齐兄弟的制造公司。

在他们的早期设计中，有一种密闭舱单翼飞机。全美各地的邮政局很快就采用了它，但是当 1921 年亚库齐兄弟的一架飞机失事，而且其中的一位兄弟焦孔多·亚库齐（Giocondo Jacuzzi）因此去世后，亚库齐兄弟很快就失去了对航空

业的胃口。随后剩下的 6 兄弟将他们的注意力转向为航空业而开发出来的液
压泵。不过拉凯莱·亚库齐认识到,它的应用可以遍及工业和农业。他们为深
井农用泵所作出的那些革命性设计为他们在 1930 年加利福尼亚州博览会上赢
得了金奖。

> 用比空气重的机器来飞行即使不是完全不可能,也是不
> 切实际、毫无意义的。
>
> 出生于加拿大的美国天文学家纽科姆
> (Simon Newcomb),1902 年

　　到 1948 年,其中一位兄弟坎迪多·亚库齐(Candido Jacuzzi)利用公司的技
术设计出一个水下泵,为他儿子肯尼思·亚库齐(Kenneth Jacuzzi)提供家庭水
疗。肯尼思·亚库齐当时正遭受风湿性关节炎病痛。他此前一直在当地的一
家医院接受治疗,但是坎迪多·亚库齐讨厌看到这个男孩在治疗的间歇饱受痛
苦。亚库齐兄弟在 1955 年开始将 J－300 型泵作为一种辅助治疗设备投放市
场,并很快将其宣传为"疲惫不堪的家庭主妇们"必备的一剂良药。电影明星曼
斯菲尔德(Jane Mansfield)和斯科特(Randolph Scott)为亚库齐泵代言。该公司
到 1958 年已经在出售配套齐全的按摩浴缸(Jacuzzi bathtub)了,这种浴缸不久
就风靡整个好莱坞。随着数十万的销量,按摩浴缸很快成为全美各地的精选奢
侈品。肯尼思·亚库齐长大后从他的叔叔们那里接管了公司。公司在他的引
领下逐渐成为一家跨国公司,在 2006 年 10 月以接近 10 亿美元的价格被并购。
如今,亚库齐国际集团仍然是全世界各地温泉浴场和热水浴缸的主要供应商。

吉约坦断头台

正是法国大革命使得那位约瑟夫—伊尼亚斯·吉约坦(Joseph-Ignace Guillotin)医生名扬天下。不过出乎意料的是,他并没有发明那种导致近 40 000 法国人人头落地的机器。断头台(Guillotine)最初以其真正创造者的名字命名为"路易塞特"(*louisette*)。它的实际发明者是一位名叫路易(Antoine Louis)的军医,而吉约坦本人是公开反对死刑的。

1784 年,当梅斯梅尔(Franz Mesmer)发表其动物磁性理论时,法国公众对他的那些结论怒不可遏,以至于路易十六组建起一个委员会来调查这一事件,其中就有内科医生翘楚吉约坦。1789 年,在吉约坦前一年写的小册子《居住在巴黎的公民的请愿书》(*Petition of the Citizens Living in Paris*)出版后,他被任命为国民制宪会议的 10 位巴黎代表之一。在一场关于死刑的争论过程中,他提出"罪犯应该仅仅用一种简单的机械装置,一种无痛砍头的机器来斩首"。吉约坦认为,如果必须要执行死刑,那么它至少应该是没有痛苦的。他的倡议导致了人们提议制造一种新型的"死刑机器",并开发出"路易塞特",后来又将它更名为"吉约坦"。

人们普遍误认为吉约坦自己最终也是被这种冠以他自己姓名的机器处死的。虽然他曾被捕,并入狱监禁了一段很短的时间,但是他在 1794 年被释放。18 世纪 90 年代初在里昂被处决的 J·M·V·吉约坦(J. M. V. Guillotin)医生是完全不同的另一个人。我们的吉约坦医生退出政坛后回到稳妥的医疗职业,成为巴黎医学学会的创始人之一。吉约坦也是詹纳①的疫苗接种理论最为积极的声援者。在过去的两个世纪中,疫苗接种拯救了数百万条生命。

---

① 詹纳(Edward Jenner),英国医生,发现牛痘对天花免疫,并在 1796 年试验牛痘疫苗接种成功。——译注

吉约坦在 1814 年由于自然原因去世后，他的家人对于这种臭名昭著的死刑机器感到难堪，因此向法国政府请愿改变其名称。在他们的诉求遭到拒绝后，他们改换了他们自己的姓，并从此默默无闻地过着平静的生活。另一方面，断头台一直到 1977 年 9 月才停止使用，一名独脚的突尼斯人成了它最后的牺牲品。

> 未来的计算机总重量可能最多只有 1.5 吨。
>
> 《大众机械》(*Popular Mechanics*)
>
> 预测技术进展，1949 年

戴维安全灯

　　戴维是家中 5 个孩子中最年长的,他 1778 年 12 月 17 日出生于英国康沃尔的彭赞斯。他是一位才华横溢的科学家,成为英国皇家学会成员及皇家研究院教授。戴维高度受公众欢迎,他的巡回讲学和实验总是听众观众很多,尽管 1812 年发生在实验室的几场事故害他丢了两根手指,一只眼睛也因此失明。

　　1814 年,戴维爵士(他在两年前被授予爵位)回到实验室安定下来。他挂虑着纽卡斯尔附近的一个煤矿中 1812 年发生的费灵煤矿灾难,因此开始研究改善地下坑道的照明和矿工的安全状况。到 1815 年,他已制造出一种安全灯,使矿工们能够在深矿层中工作而不必顾及存在着的甲烷或其他易燃气体。那个时候,所有煤矿都是用明火来照明的,因此爆炸是一种经常会发生的危险。但是戴维发现,用细金属丝网包围起来的火焰就不能点燃任何危险气体(被称为“沼气”)。这是因为空气能够通过金属丝网而保持火苗燃烧,但网上的洞又太细密,因此火苗就无法反方向穿过而点燃沼气。此外,如果存在一点沼气的话,这种安全灯内部的火苗就会呈现淡蓝色。将这种灯放置在靠近地面处时,还可以用它来探测那些密度较大的气体,例如一氧化碳这种隐形杀手。假如空气中的氧气不充足,那么火苗就会熄灭,这样就起到了提前预警的作用,警告矿工们撤离。毫无疑问,全世界各地喜爱金丝雀的人们正如矿工们对戴维的创新思想同样欢欣鼓舞。(从前是用一只关在笼子里的金丝雀来提供预警系统的——鸟若死了就表明存在毒气。)

　　虽然戴维还作出了许多其他重大科学发现,但正是这种矿工安全灯,以及他对在矿下工作的人们的福利所作出的贡献,才是他最为人们所铭记的地方。直至今天,英国各地前矿区的那些酒馆还仍然以他的这种挽救生命的发明来命名。

榴霰弹:最大损伤

"榴霰弹"（shrapnel）是一个吸引人的词,它听起来似乎必定是从来就有的——它是英语中清晰反映出其斯堪的纳维亚语词源的那些单词之一。可悲的是,这种印象完全是错误的,因为这个词本身的起源时期要近得多。

它的意思也发生了演化。现代词典中对"shrapnel"的定义是"爆炸弹的碎片",而最初在第一次世界大战期间,它的意思是指整个爆炸装置,而不仅仅是其组成部分。"榴霰炮弹"（shrapnel-shell）是作为一种人员杀伤火炮而设计的,填充其中的子弹会在靠近目标时放出,其明显意图是要杀害或致残尽可能多的敌人。与常规炸弹相比,榴霰炮弹在此目的方面要有效得多,但是它们在战争接近尾声时变得陈旧过时,而被高爆炸弹所取代。后者完成几乎相同的任务,而其致命碎片仍然被称为"榴霰弹"。

这种新颖的一战武器是根据施雷普内尔（Henry Shrapnel）少将的名字来命名的。他是一位英国陆军军官和发明家,在拿破仑战争（1803—1815年）期间在皇家炮兵团服役。他设计出一种填装霰弹的中空炮弹,将其系在一个火箭炮上,并设计使其在半空中爆炸,从而制造多重伤亡。施雷普内尔的想法并不是要杀死敌方士兵,而是要将他们致残,因为死人不需要及时关注,而伤兵却至少需要另有两个人去照料,即使只是要将他搬离战场。施雷普内尔的发明取得了巨大成功,因此在1814年获得了1000英镑的奖金。这在当时是相当可观的一笔钱了,并且他在1827年又晋升到皇家炮兵上校指挥官一职。

美国国歌的第一节诗自豪地描述了在1812年那场关键的巴尔的摩战役中,美国人抵挡了英国陆军展开的霰弹猛攻:"火箭炮的耀眼红光,炸弹在空中爆炸,它们穿过黑夜见证,我们的旗帜依然耸立。"

试图用汽船航行对抗波涛汹涌的北大西洋，人类还不如计划一次去往月球的旅程为好。

伦敦大学学院自然哲学与天文学教授

拉德纳（Dionysus Lardner）博士

狄塞耳柴油机

　　狄塞耳(Rudolf Diesel)出生于巴黎,他的父亲是一位德国书籍装订工。在普法战争(1870年)爆发时,他们一家与出生在德国而生活在法国的人一样,被迫离开家园逃往伦敦,而不是向东回归。不过,他们确实将12岁的狄塞耳送回了他们的家乡奥格斯堡,跟他的姨妈和姨夫住在一起。他的姨夫是数学教授巴尼克尔(Christoph Barnickel)。狄塞耳以班级第一的成绩毕业后,注册进入慕尼黑皇家巴伐利亚理工学院。这违背了他父母的愿望,他们希望他回到伦敦,找一份工作帮助负担家计。然而,狄塞耳却在德国工程师、制冷先驱林德(Carl von Linde)的指导下学习。但是他因为伤寒病倒后错过了考试,因此没能毕业。不过他还是坚持不懈,花时间学习实用工程学,最终在1880年22岁时毕业。然后他参加了林德的工作,林德本人那时正在巴黎建立一家制冷和制冰厂。不出一年,狄塞耳就得到了总经理的职位,而他上任后的首要决定之一是要开发出一种比当时工业所依赖的蒸汽发动机效率更高的发动机和动力供应设备。

蒸汽发动机的主要问题在于,它有热量和能量损失。这意味着它提供的有用功率只占总功率的10%。狄塞耳开始着手制造一种新型发动机,能将发动机能量尽可能多地转换成有用功,因此他开始用现存的发动机做实验,努力想发现一种方法来改进它们。林德支持他的研究,在狄塞耳的工作进程中,公司也申请了多项专利。不过,事实证明最初几次尝试都是灾难性的,甚至几乎致命,因为他的一台测试发动机发生爆炸,差点要了他的命。在医院待了好几个月之后,狄塞耳带着一个新的想法重又回来工作了。他记起自己年少时,当压缩空气从活塞机构被强迫进入轮胎时,他的自行车打气筒阀门处如何变热。

到1891年,林德对他的这位门徒失去了耐心,于是两人分道扬镳。狄塞耳被迫寻找新的经费来继续他的工作。在1893—1897年间,来自狄塞耳家乡奥格斯堡的工程师布兹(Heinrich von Buz)提供了设备。最终在1895年,狄塞耳在德国和美国为他的压缩—点火活塞式发动机获得了一项专利。这种发动机在很大程度上与自行车打气筒类似,有一个活塞迫使空气变热到足以点燃燃料,从而推动活塞向下回落以重复这种循环过程。

相比于以前沿用了200年的蒸汽发动机而言,这是一个巨大的进步。更重要的是,这项发明及时地对当时正在成长的汽车业和即将出现的航空业产生了影响。即使不去说他的自行车打气筒所起的作用,假如不是因为狄塞耳的坚持不懈和勇往直前,那么这两项产业都是不可能实现的。而他自己也知道这些,在给妻子的信中写道:"我现在在迄今所获得的一切成就中如此遥遥领先,以至于在我们这颗小小行星上的发动机制造业中,我在大洋两岸都处于领先地位。"

在他的专利安全无虞后,随着整个工业界很快都在制造他的发动机,这位37岁的发明者成了大富翁。但是好景不长,为捍卫他的专利而进行的昂贵法律诉讼、投资不当以及他家人的奢华生活方式都开始让他付出代价。钱财很快耗尽,而当狄塞耳逐渐察觉到这一点时,他在伦敦的制造总部与他的投资方们已

经安排了一系列危急会议。

1913 年 9 月 29 日傍晚，狄塞耳登上德累斯顿号蒸汽邮轮前往伦敦。他在晚餐后 10 点钟回到自己的船舱，要求在早晨 6:15 叫他。翌日早晨，船员们向船长报告说，这位著名的发明家不见踪影。他的船舱是空的，床没人睡过，而他的睡衣也整洁地放在上面，怀表放在床边，他的帽子和外套都整齐地存放着。从此再也没人见过狄塞耳。10 天后，一艘荷兰蒸汽船从北海捞上一具尸体，但是因为严重腐烂而无法辨认。船员们拿走了他所有随身物品后将这具尸体海葬。几天后，狄塞耳的儿子辨认出这些物件是属于他父亲的。自杀作为最可能的解释浮现出来，特别是由于他当天日记里写下的唯一字形是一个黑色的叉。他还给过他妻子一只袋子，指示她要到下个星期才能打开。袋子里是若干张银行对账单，余额几乎都是零，还有 200 000 德国马克现金。不过谋杀的可能性也从未排除，因为他在商业上和军事上的利害关系也许提供了杀人动机。当时他的发动机正在为制造厂、机车、轿车、卡车、飞艇、飞机、潜水艇和轮船提供动力。对于这样一个人来说，这是一个神秘的结局。如今，一个世纪以后，狄塞耳的发动机仍然是这颗行星上最为重要的动力来源。

责任编辑 吴　昀
装帧设计 杨　静

"让你大吃一惊的科学"系列丛书
他们曾嘲笑伽利略
　　——伟大的发明家如何证明批评者错了

【英】阿尔伯特·杰克（Albert Jack）著
涂　泓　译
冯承天　译校

出版发行 上海科技教育出版社有限公司
　　　　　　（上海市闵行区号景路 159 弄 A 座 8 楼　邮政编码 201101）
网　　址 www.sste.com　www.ewen.co
经　　销 全国新华书店
印　　刷 天津旭丰源印刷有限公司
开　　本 720×1000　1/16
印　　张 18.25
版　　次 2019 年 1 月第 1 版
印　　次 2022 年 6 月第 2 次印刷
书　　号 ISBN 978 - 7 - 5428 - 6709 - 4/N · 1039
图　　字 09-2016-148 号
定　　价 68.00 元